あそべる・まなべる　学習教材づくり

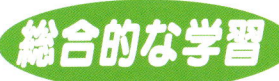

総合的な学習　磁石を材料にワクワク科学実験

おもしろ磁石百科

監修　東京都立富士森高等学校 教諭　吉村 利明

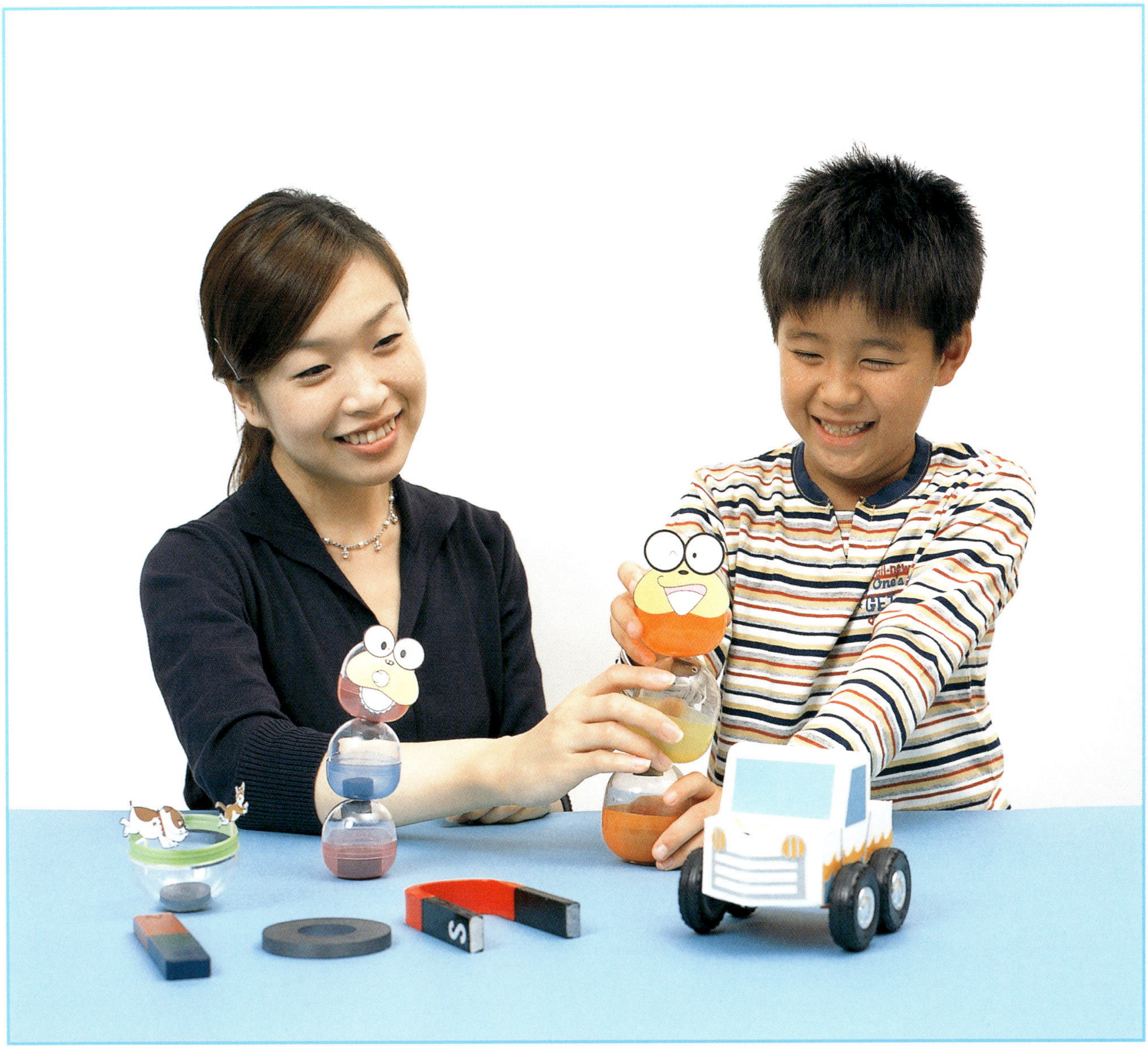

少年写真新聞社

磁石を使った工作・実験を楽しもう

東京都立富士森高等学校　吉村利明

　私たちが生活するうえで、磁石がなかったらとても不便な世界になっていることでしょう。もしかしたら現代の文明は誕生していなかったかもしれません。なぜならば地球が大きな磁石になっているからです。地球が磁石になっているから方位磁石が南北を示し、大航海時代に欠かせない羅針盤が作られたのです。

　また地球が作る磁場は、太陽や宇宙から降りそそぐ宇宙線から地球を保護する役目を担っています。例えば、オーロラは地球に降りそそぐ電気を帯びた宇宙線が、地球磁場にとらえられ、大気と衝突し発光する現象です。

　渡り鳥が遠い飛来地まで飛んで行けるのは、鳥の体の中に地球磁場を感じる器官があるからだという説もあります。

　磁石というと、磁石を使ったおもちゃを想像しがちですが、実はこのように地球全体に関係しているものなのです。

　我々の日常生活で使ういろいろな電化製品などにも磁石がたくさん使われています。やはり磁石がなかったら、こんなに便利な生活はおくれなかったでしょう。
「磁石って、カラーマグネットみたいにものをくっつけるだけじゃない」と思うかもしれませんが、そうではありません。

　例えば、鉄道の切符には磁気で乗車駅や運賃の情報が入っていて、それを機械で読み取れるようになっています。

　音楽を聴くスピーカーや録音に使うマイク、掃除機、洗濯機、冷蔵庫、クーラー、扇風機、パソコン、ラジオ、テレビなど、ほとんどの電化製品に磁石が使われています。何より電化製品を動かすのに必要な電気を作る発電の原理にも磁石の性質が使われています。「もし磁石がなかったら」って想像すると、磁石のありがたさがよくわかります。

　磁石の性質はそう難しくありません。
（1）磁石はくっついたり、反発したりする。
（2）磁石は高温になると磁石の性質が弱くなったりなくなったりする。
（3）磁石の近くで金属を動かすと金属に電流が流れる。
（4）磁石の近くで金属に電流を流すと金属を動かす力が発生する。
　などです。私たちは磁石の性質、磁石と電流の関係を上手く使って便利な生活を手に入れています。この本を参考に自分で実際に磁石を使った工作・実験をすることで磁石の性質を理解して下さい。

　剣道の先生のことを「指南」と呼ぶことがあります。つまり「南を指す」ということです。これは昔、中国で方位磁石を先頭に軍隊の進む方向を定めていったことにちなんでいます。読者の皆さんも自分でどんどん工作し、科学の指南役になってくれることを願っています。

工作・実験上の注意

工作・実験には、ペットボトルやアルミ缶、スチール缶など様ざまな材料を使用します。用途に合わせていろいろなはさみやカッターナイフなどを使い分け、けがのないように進めましょう。また、必要に応じて器具を選び、工夫しながらためしてみましょう。

磁石や電磁石に近づけてはいけないもの

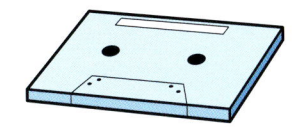
カセットテープ

ビデオテープ

フロッピーディスク

テレホンカードや銀行のカードなどの磁気カード。

パソコンなどの精密機械

磁石を近づけると磁化されて、記録された内容が壊れたり、使えなくなるなど、故障の原因になります。

磁石の扱い方

本書で工作や実験に用いるネオジム磁石などは大変強力です。不用意にほかの磁石や工具、鉄片などを近づけると、指や手をはさまれて思わぬけがをすることがあります。取り扱いには充分注意しましょう。

工作・実験で使う主な道具

◎アルコールランプやカセットコンロなど、火を使う工作・実験のときには、火の始末やけどに十分注意し、必ず水を入れたバケツを用意しておきましょう。また、換気もしましょう。

◎薬品を使う実験では、使い方を間違えないように進めましょう。

◎ /注意/ の印があったら特に気をつけましょう。説明をよく読んで、くれぐれも事故を起こさないようにしてください。

もくじ

まえがき ……………………………………………………………… 2
工作・実験上の注意 ………………………………………………… 3

第1部 磁石で工作しよう　5

磁石でおもちゃを作って、楽しく遊ぼう‥6
あめんぼクン、ス～イス～イ ………… 8
走れ、磁石号 ……………………………… 9
クルクル追いかけっこ ………………… 10
ケンパチジャンプ ……………………… 11
リング型の磁石を回そう ……………… 12
お猿の振り子はヨイサッサ！ ………… 13
磁石ごまのおもちゃに挑戦 …………… 14
ユラユラ、UFO ………………………… 15
超簡単モーター「クルクルくるりん」‥16
磁石で動くスライムを作ろう ………… 18
スペースシャトル発進 ………………… 20
磁石ごまで動かす、ニョロニョロへび‥22
方位磁石を作ろう ……………………… 24

第2部 磁石で実験しよう　25

キュリー・エンジンを作ろう ………… 26
クルクル浮かぶ磁石を作ろう ………… 28
タイミングディスクモーターを作ろう‥30
パイプ発電機で発光ダイオードを光らせよう‥32
ガウス加速器 …………………………… 34
うず電流の力でこまを回そう ………… 36
スピーカーを作ってみよう …………… 38
シンプルモーターを作ろう …………… 40
電気ぶちごまを作ろう ………………… 42
磁石の磁力線を立体的に見てみよう‥44

第3部 磁石を調べてみよう　45

磁石って何？ …………………………… 46
磁気の歴史（原理の発見の歴史）‥…… 48
磁石の歴史 ……………………………… 50
磁石関連データ ………………………… 52

磁石の知識についての問い合わせ先一覧表 ……………………… 54
さくいん ……………………………………………………………… 55

第 1 部 磁石で工作しよう

第1部　磁石で工作しよう

磁石でおもちゃを作って、楽しく遊ぼう

　磁石には目には見えない不思議な力があり、くっついたり、反発しあったりします。こうした磁石の性質を利用して、簡単に動くおもちゃができます。クリップやストローなど身近な材料を使って、磁石の力で楽しく遊べるおもちゃ作りをしましょう。

ユラユラ、ダイゾー親子

作り方のポイント

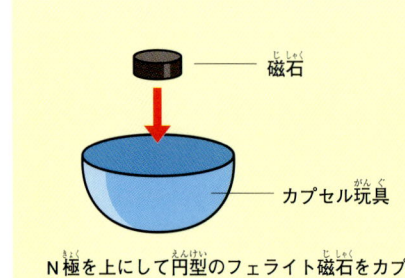

N極を上にして円型のフェライト磁石をカプセル玩具の底に入れ、金属板におきます。

カプセル玩具のふたには反発するN極を、もう一つのカプセル玩具の底にはS極の磁石を入れくっつかせます。同じようにして磁石入りのカプセル玩具を作り、ふたをしめます。

バランスをとると、ダイゾー親子はユラユラとゆれます。

クマノミとサメ

作り方のポイント

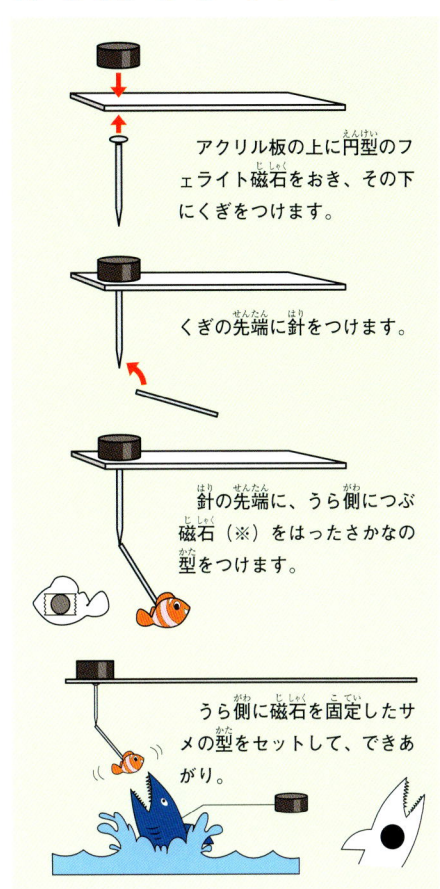

アクリル板の上に円型のフェライト磁石をおき、その下にくぎをつけます。

くぎの先端に針をつけます。

針の先端に、うら側につぶ磁石（※）をはったさかなの型をつけます。

うら側に磁石を固定したサメの型をセットして、できあがり。

※つぶ磁石：磁気治療用磁石に使われている小さなつぶ状の磁石です。

カモメのマサヤンはふ〜らふら

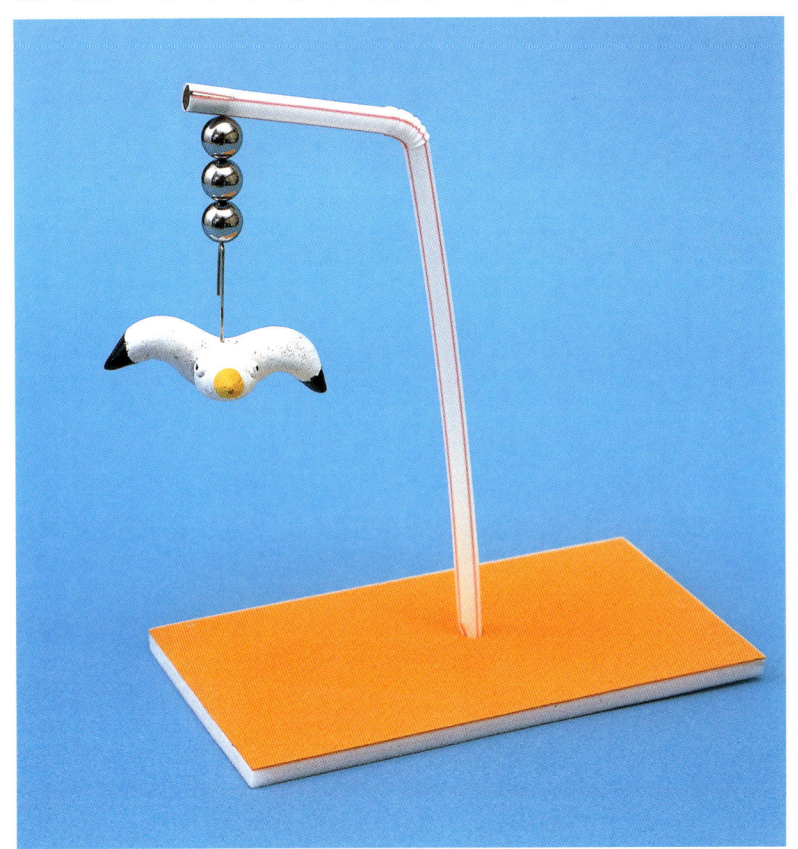

作り方のポイント

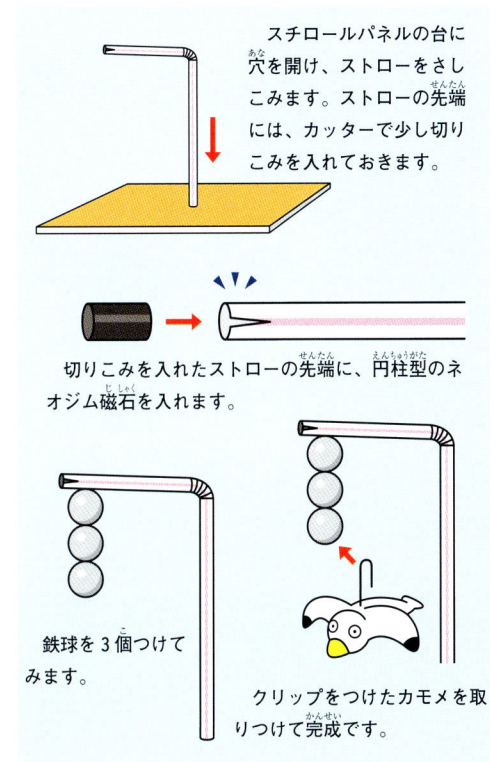

スチロールパネルの台に穴を開け、ストローをさしこみます。ストローの先端には、カッターで少し切りこみを入れておきます。

切りこみを入れたストローの先端に、円柱型のネオジム磁石を入れます。

鉄球を3個つけてみます。

クリップをつけたカモメを取りつけて完成です。

※ネオジム磁石は、とても強力な磁石なので指などをはさまないよう注意しましょう。

第1部　磁石で工作しよう

あめんぼクン、ス〜イス〜イ

モールは磁石にくっつきます。手につけた磁石を使って、あめんぼクンを動かしてみましょう。

作り方のポイント

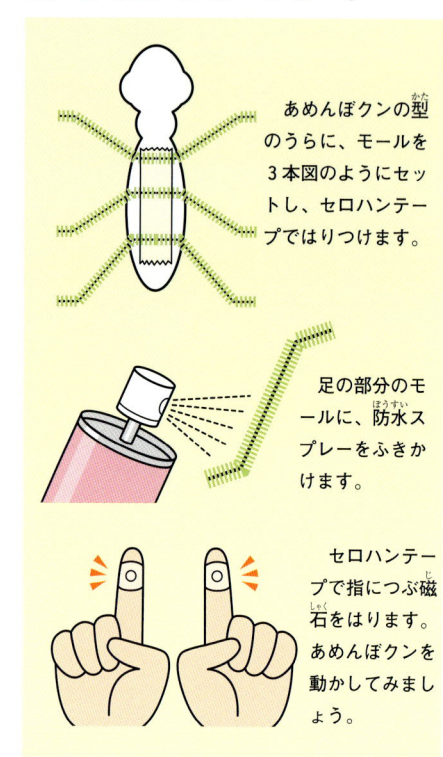

あめんぼクンの型のうらに、モールを3本図のようにセットし、セロハンテープではりつけます。

足の部分のモールに、防水スプレーをふきかけます。

セロハンテープで指につぶ磁石をはります。あめんぼクンを動かしてみましょう。

花とミツバチ

ミツバチが花のまわりを飛ぶと、モールで作った花は、花びらを閉じたり開いたりします。

作り方のポイント

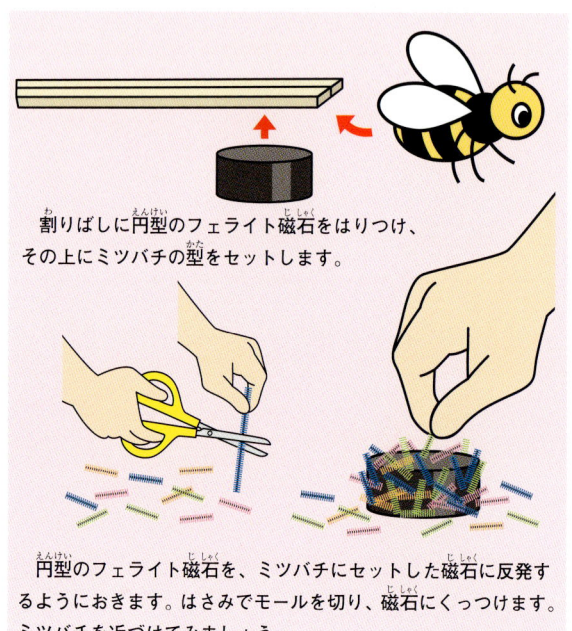

割りばしに円型のフェライト磁石をはりつけ、その上にミツバチの型をセットします。

円型のフェライト磁石を、ミツバチにセットした磁石に反発するようにおきます。はさみでモールを切り、磁石にくっつけます。ミツバチを近づけてみましょう。

走れ、磁石号

磁石の反発力で動く車です。みんなで作って、どの車が一番速く走れるか競争させてみましょう。

作り方のポイント

自分の好きなかっこいい車を厚手の紙など（鉄は使わない）で作ります。

車のボディーに円型のフェライト磁石をセットします。磁石を近づけてみます。

強い磁性を持つ、磁鉄鉱

磁鉄鉱とは、磁石を近づけると引き寄せられる天然の鉱物のことです。風化して細かく分離すると砂鉄と呼ばれます。

磁鉄鉱の中には強力に鉄を引き寄せるものもあり、磁力を持つ磁鉄鉱をロードストーンといいます。これらは落雷によって強い電流が流れたことにより、バラバラだった磁気の向きが同じ方向に統一され、強い磁力を示す天然磁石になったと考えられています。

このロードストーンの存在は古くから知られており、記録によると中国では水に浮かべた磁石が南北を示すことが紀元前から知られていたそうです。

写真提供：（独）産業技術総合研究所地質標本館（登録番号 GSJD02401　標本名 磁鉄鉱）

第1部 磁石で工作しよう

クルクル追いかけっこ

磁石は同じ極どうしを近づけると反発しあいます。カプセル玩具の中に入れた磁石と外側の磁石が反発し離れようとする力によって、カプセル玩具はクルクルと回ります。

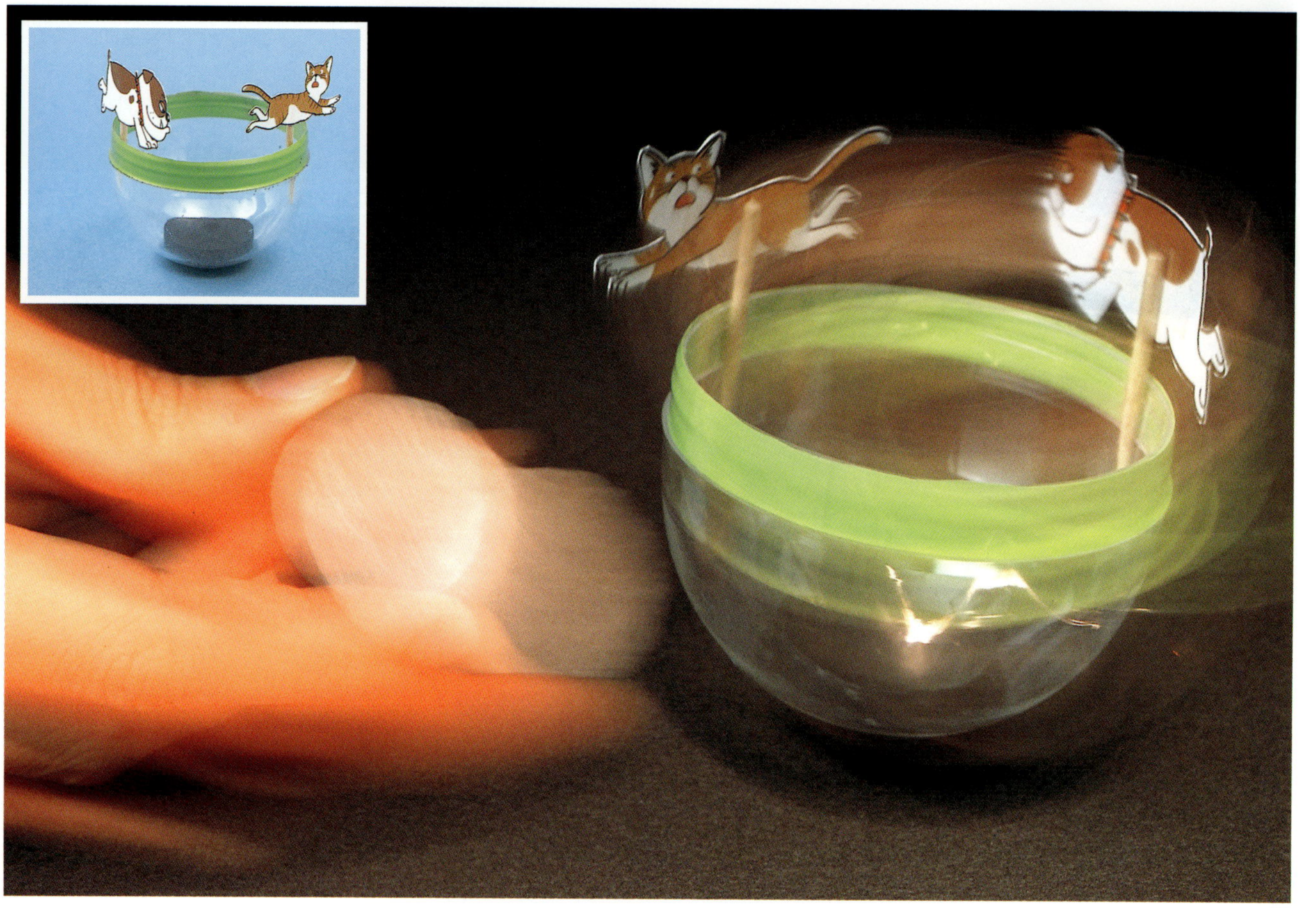

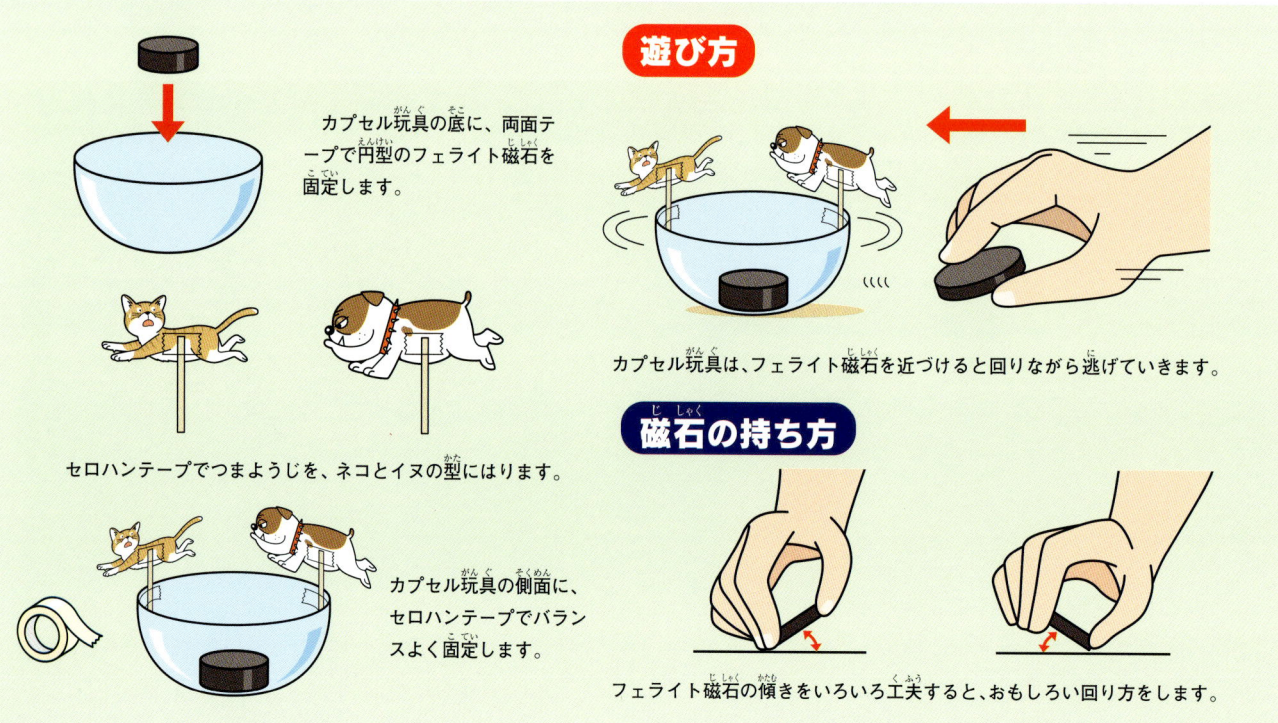

作り方のポイント

カプセル玩具の底に、両面テープで円型のフェライト磁石を固定します。

セロハンテープでつまようじを、ネコとイヌの型にはります。

カプセル玩具の側面に、セロハンテープでバランスよく固定します。

遊び方

カプセル玩具は、フェライト磁石を近づけると回りながら逃げていきます。

磁石の持ち方

フェライト磁石の傾きをいろいろ工夫すると、おもしろい回り方をします。

ケンパチジャンプ

　反発しあう2個の磁石をくっつけると、その反動で片方の磁石は勢いよく離れようとします。ケンパチが高く飛び立てるよう、いろいろと工夫してみましょう。

※飛び出す磁石に注意しましょう。

作り方のポイント

プラスチックコップを2個用意し、重ねます。

プラスチックコップの底の中心部に穴を開け、えんぴつを通します。

リング型のフェライト磁石を通して、両面テープで固定します。

プラスチックコップに固定した磁石の、反発する側のリング型の磁石をえんぴつに通します。

磁石をプラスチックコップまで下げ、手を離してみましょう。

※ケンパチ：少年写真新聞社のキャラクター

第1部 磁石で工作しよう

リング型の磁石を回そう

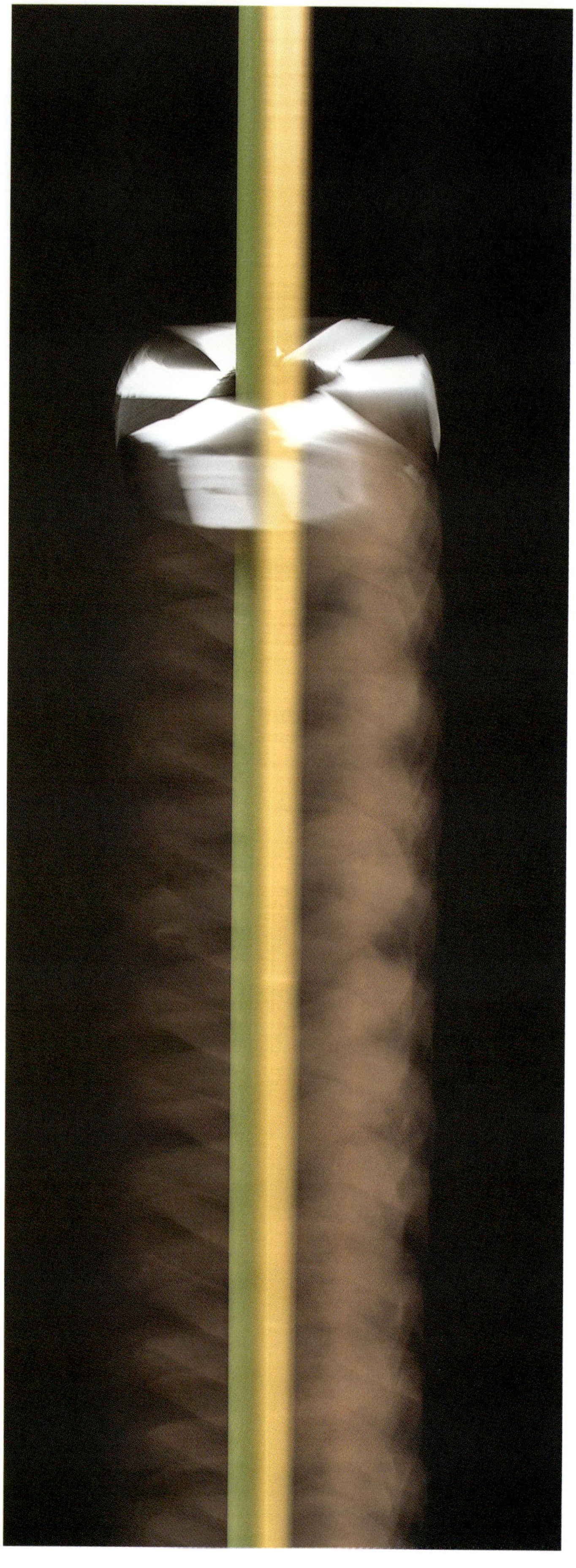

金属棒にリング型の磁石を通して落とすと、磁石はまっすぐ下には落ちずに、クルクルとゆっくり回りながら落ちていきます。

磁石は何で回るの？

リング型の磁石を金属棒に通し、横に弾くと磁石は片側にくっつき、磁石の重心が金属棒から離れます。

磁石の重心は不安定な場所にあるため、下に落ちようとしますが、磁石を横に弾いたので、落ちようとする効果と磁石が金属棒にくっつこうとする効果があわさって、右図のように動く向きは、らせん状になります。

そのため金属棒を軸に、回転しながら落ちていくのです。

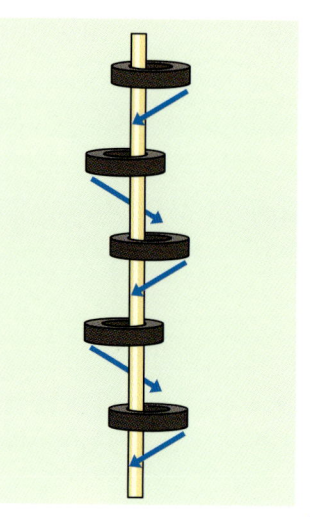

お猿の振り子はヨイサッサ！

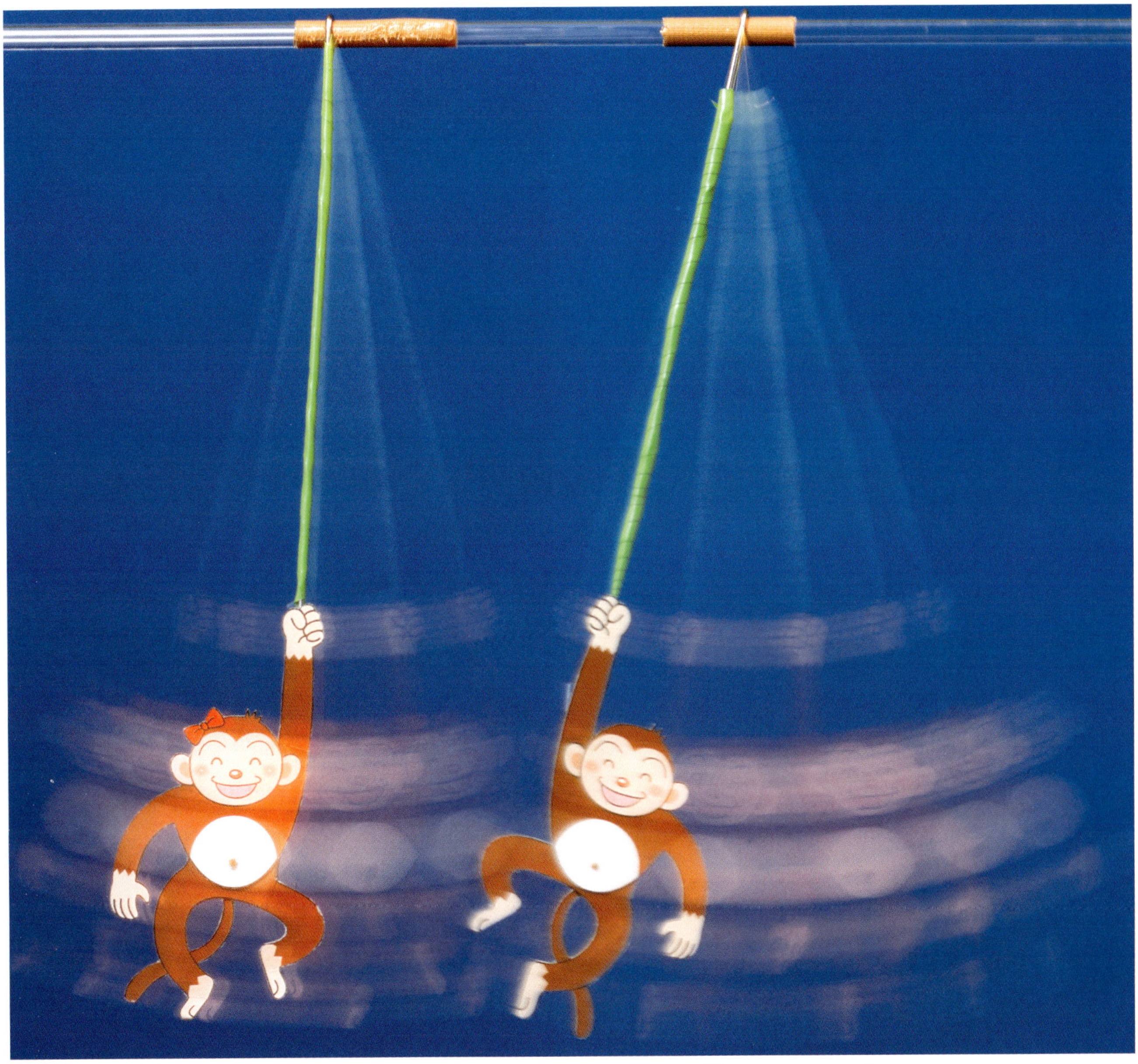

反発する磁石の力を使うと、木のツルにつかまったお猿さん達のかわいい振り子もできます。

作り方のポイント

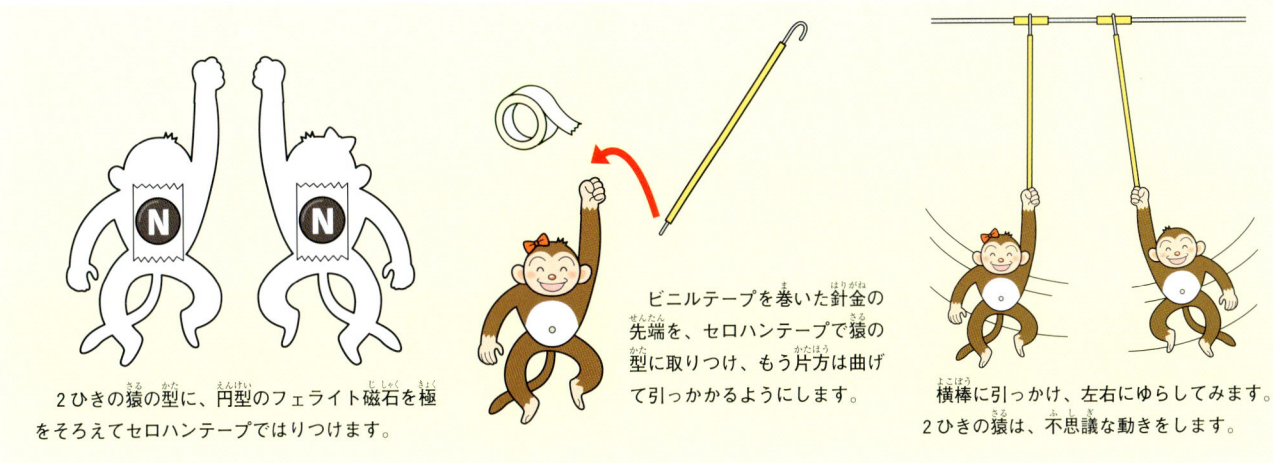

2ひきの猿の型に、円型のフェライト磁石を極をそろえてセロハンテープではりつけます。

ビニルテープを巻いた針金の先端を、セロハンテープで猿の型に取りつけ、もう片方は曲げて引っかかるようにします。

横棒に引っかけ、左右にゆらしてみます。2ひきの猿は、不思議な動きをします。

第1部　磁石で工作しよう

磁石ごまのおもちゃに挑戦

針金を上下させると、磁石に通した鉄の棒はぐるりと針金のうらを回って戻ってきます。針金の角度をうまく調節して、どれだけ長く回し続けられるかチャレンジしてみましょう。

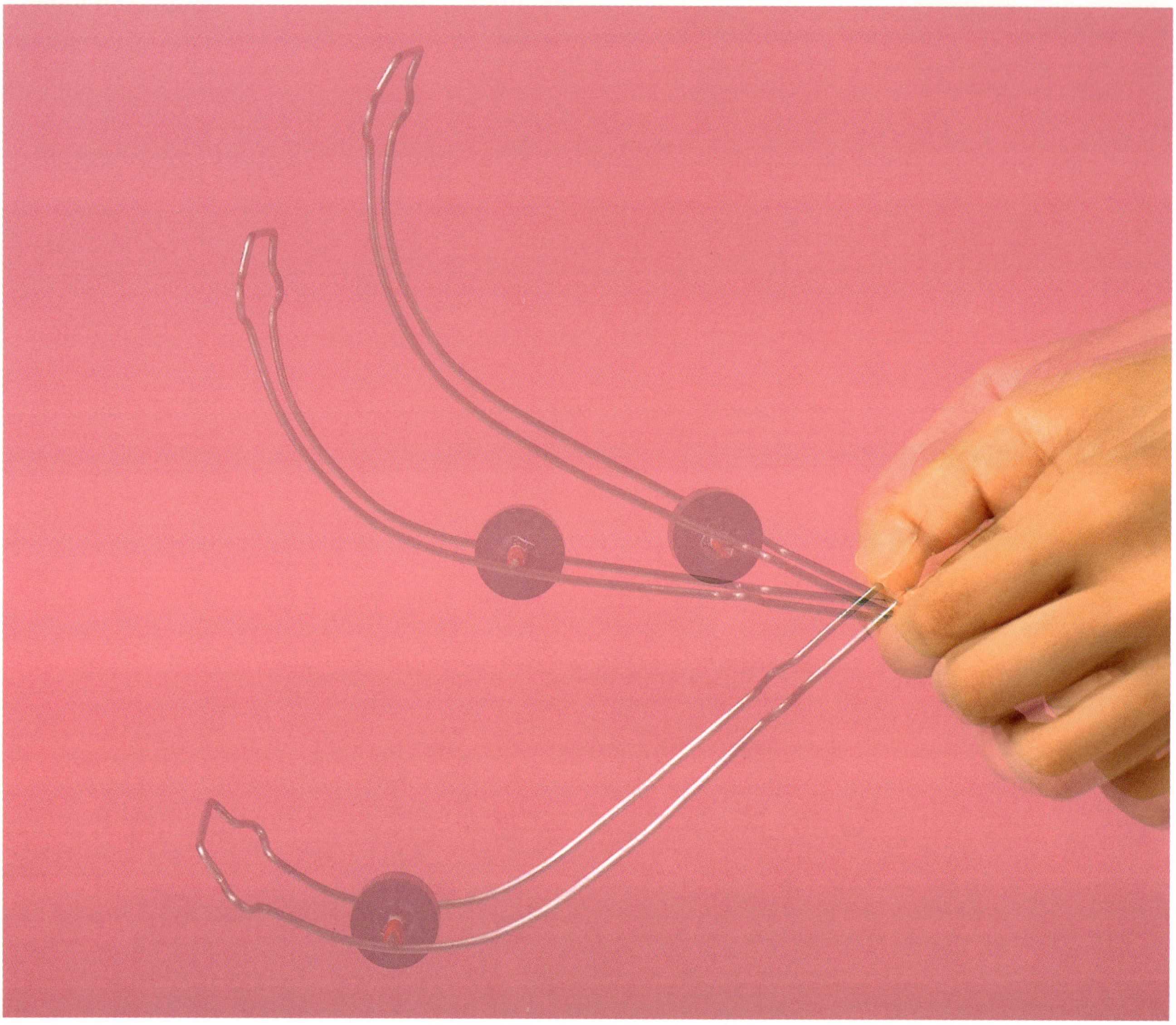

作り方のポイント

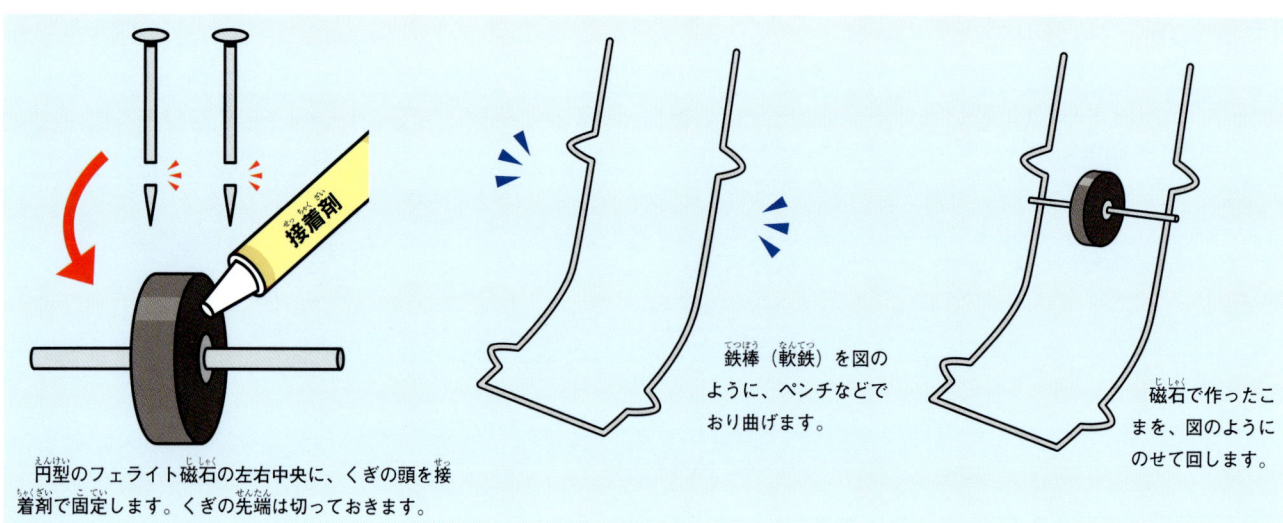

円型のフェライト磁石の左右中央に、くぎの頭を接着剤で固定します。くぎの先端は切っておきます。

鉄棒（軟鉄）を図のように、ペンチなどでおり曲げます。

磁石で作ったこまを、図のようにのせて回します。

ユラユラ、UFO

遠い星からゆっくりと地球に近づいてきたＵＦＯは、地球上空で旋回しながら地球の様子をうかがっています。

作り方のポイント

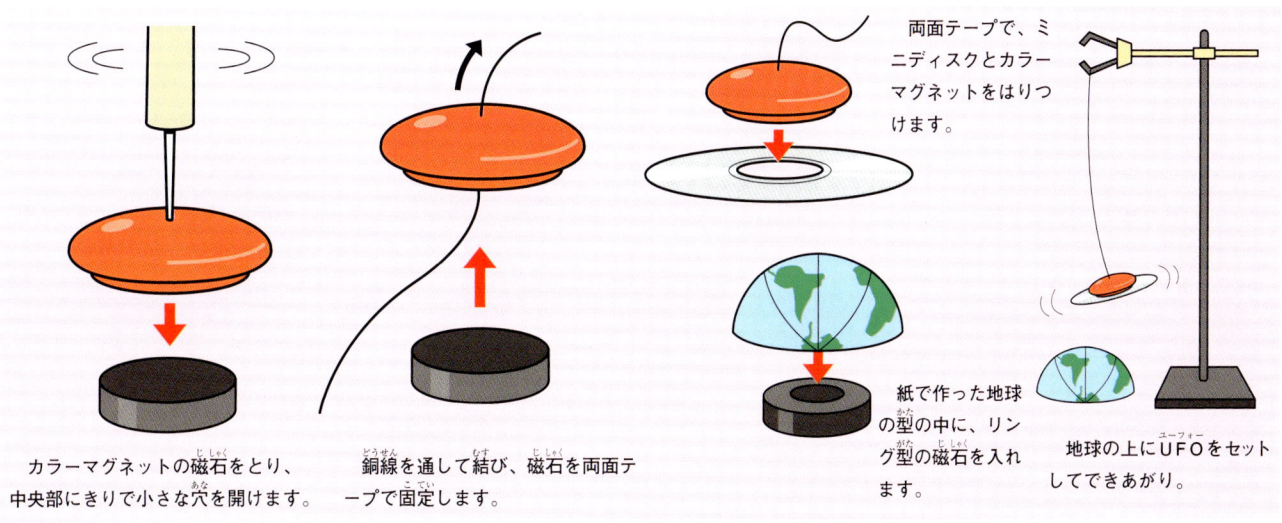

カラーマグネットの磁石をとり、中央部にきりで小さな穴を開けます。

銅線を通して結び、磁石を両面テープで固定します。

両面テープで、ミニディスクとカラーマグネットをはりつけます。

紙で作った地球の型の中に、リング型の磁石を入れます。

地球の上にUFOをセットしてできあがり。

第1部 磁石で工作しよう

超簡単モーター「クルクルくるりん」

アルミホイルやフィルムケース、磁石など、身近な材料を使ってとても簡単なモーターを作ります。フィルムケースの上にデザインしたキャラクターをのせると、自分だけの楽しいおもちゃができあがります。

用意するもの

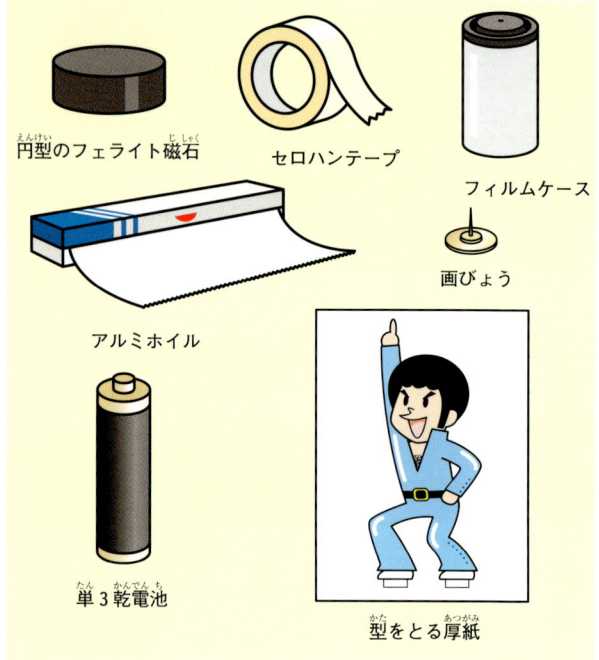

円型のフェライト磁石／セロハンテープ／フィルムケース／画びょう／アルミホイル／単3乾電池／型をとる厚紙

作り方のポイント

円型のフェライト磁石をアルミホイルで包み、側面を机など平らな面にこすりつけて、表面をなめらかにしておきます（①）。

①

はさみでアルミホイルを140mm×20mmほど切ります。フィルムケースの底の部分に、そのアルミホイルをのせ、真ん中部分に画びょうでとめて固定します（②）。

アルミホイルをコの字型におり、フィルムケースの入れ口部分でセロハンテープをはります。アルミホイルの両端は、フィルムケースより1cmほど余るようにしておきます（③）。

アルミホイルで包んだ円型のフェライト磁石の上に単3乾電池のプラスを上にしてのせ、③で作ったフィルムケースをのせてみましょう。このとき、アルミホイルがフェライト磁石の側面に、きれいに接触するように調整することがポイントです（④）。フィルムケースはのせるとすぐに回り始めます。

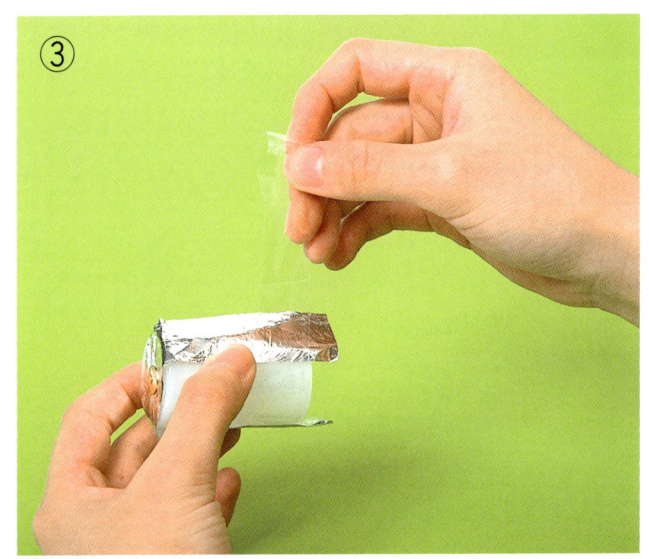

制作協力：鎌倉学園 科学同好会

国の天然記念物「磁石石」

山口県須佐湾北東にある高山（標高532.8m）は、山全体がマグマが冷えてできた斑レイ岩という黒っぽい岩石でできています。

山頂部の岩は異常に磁気を持っていて、磁針を近づけると引きつけられます。磁鉄鉱ではない岩石がこのように強い磁性を持つことは珍しいため、この岩は「磁石石」と呼ばれ、昭和11年に国の天然記念物となっています。

この石が異常に強い磁気を持った原因としては、落雷によって電流が流れたためだという説や斑レイ岩の中の磁鉄鉱成分によるものだという説などがあります。

写真提供：山口県教育庁文化財保護課

第1部　磁石で工作しよう

磁石で動くスライムを作ろう

　固体と液体の両方の性質を持つ不思議なスライム。手にのせるとひんやりとして、丸めて形を作ったり、ゆっくり引っぱると長くのばすこともできます。このスライムに鉄粉と水性の蛍光塗料を入れて、磁石でくっつき、闇の中で浮かび上がるスライムを作ってみましょう。

用意するもの

円型のフェライト磁石／薬さじ／ガラス棒／蛍光塗料／割りばし／ほう砂／鉄粉／PVA系洗濯のり／ラップ／お皿／ビーカー／お湯

作り方のポイント

　30mℓほどの水に水性の蛍光塗料を入れて、よく溶かします（①）。

①

蛍光塗料を溶かしたビーカーに多めの鉄粉を加え、よくかき混ぜます（②）。

2つ目のビーカーにPVA系の洗濯のり30mlを入れて、その中に②で作った蛍光塗料と鉄粉の溶液を流しこみます（③）。

3つ目のビーカーを用意し、100mlのぬるま湯を入れてから、ホウ砂を少しずつかき混ぜながら加え、溶け残るまで続けます（④）。

③で作ったビーカーの中に、ホウ砂が入っている④の溶液を加えます（⑤）。

ガラス棒でよくかき混ぜます（⑥）。

固まってきたら、割りばしでお皿に移します（⑦）。

できあがったスライムに、ラップで包んだ円型のフェライト磁石を近づけてみましょう。スライムは引っぱられるように磁石にくっつこうとします。また、部屋を暗くしてスライムにブラックライトをあてると、スライムが生きているように浮かび上がります。

第1部 磁石で工作しよう

スペースシャトル発進

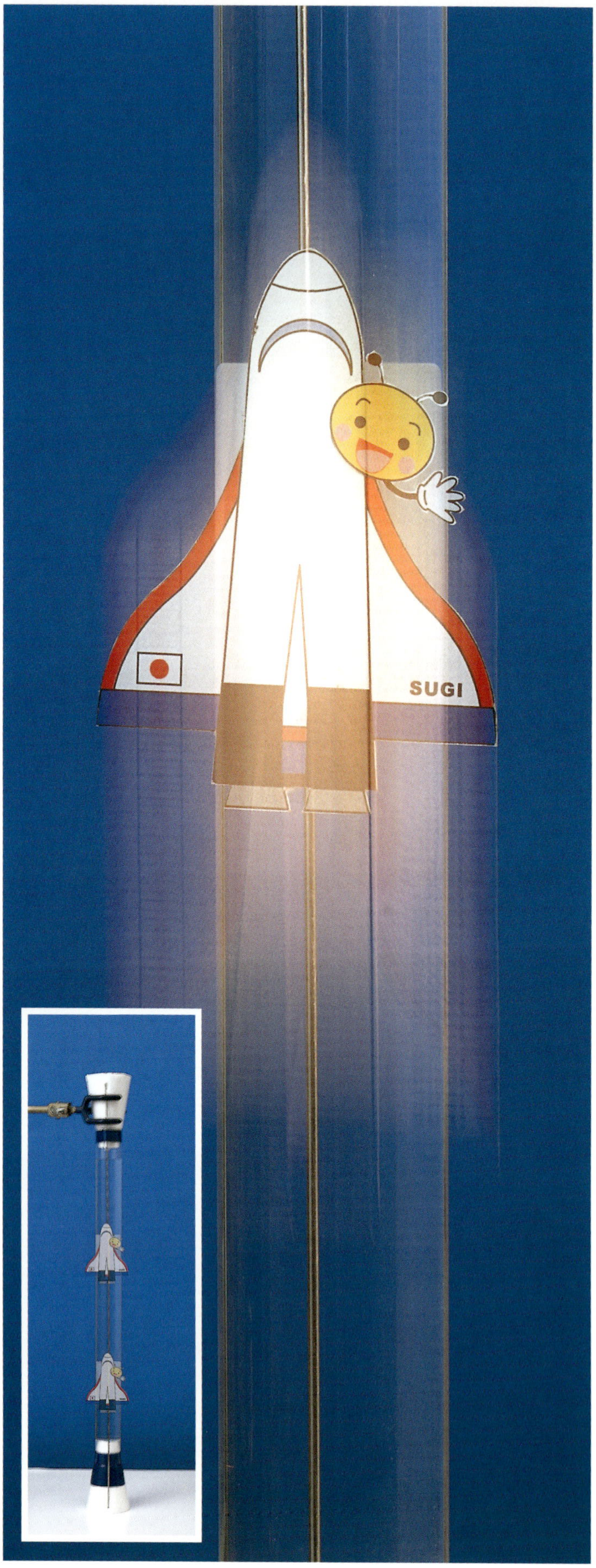

磁石の引っぱり合う力と水の浮力を利用して上昇する、スペースシャトルを作りました。浮力によって、スペースシャトルが勢いよく飛び立ちます。

用意するもの

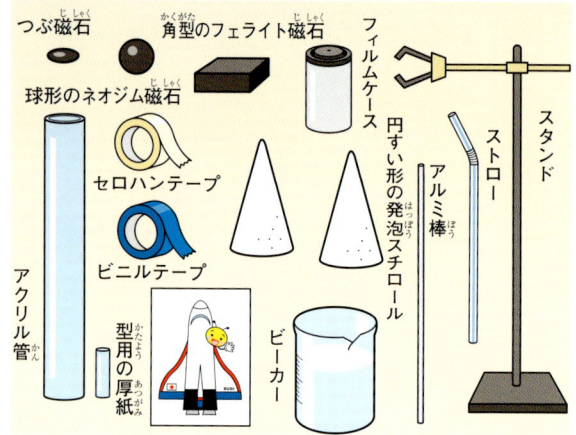

つぶ磁石／角型のフェライト磁石／フィルムケース／球形のネオジム磁石／セロハンテープ／ビニルテープ／アクリル管／型用の厚紙／円すい形の発泡スチロール／ビーカー／アルミ棒／ストロー／スタンド

作り方のポイント

スペースシャトルの型をはった厚紙を切り抜き、うらにストローをつけ、その上から小さなつぶ磁石をはります（①）。

アクリル管の一方に先端を切った円すい

①

②

③
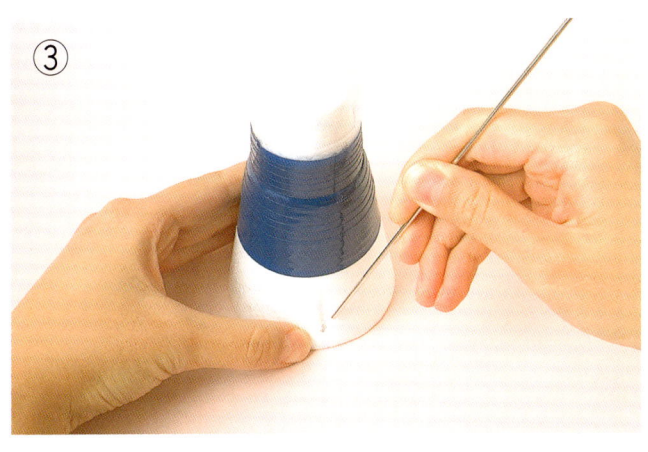

形の発泡スチロールをさしこみ、ビニルテープでしっかり固定します（②）。
　円すい形の発泡スチロールの側面にアルミ棒を突き刺し、固定します（③）。
　①で作ったスペースシャトルの厚紙を、もう一方のアルミ棒の先端からストローの先を通して入れます（④）。
　アクリル管の上部に細いアクリル管をつけ、アルミ棒を通したうえ、ビニルテープで固定します。続いてビーカーでアクリル管に水を入れます（⑤）。

　水を入れたアクリル管の中に、球形のネオジウム磁石が入ったフィルムケースを入れます（⑥）。
　アクリル管の口元を、先端を切った円すい形の発泡スチロールでふさぎます（⑦）。
　大きめのフェライト磁石で、フィルムケースの中の球形のネオジム磁石をひっつけ、アクリル管の底辺部まで引っぱります（⑧）。
　磁石を離すと、スペースシャトルは一気に上昇します。

⑥
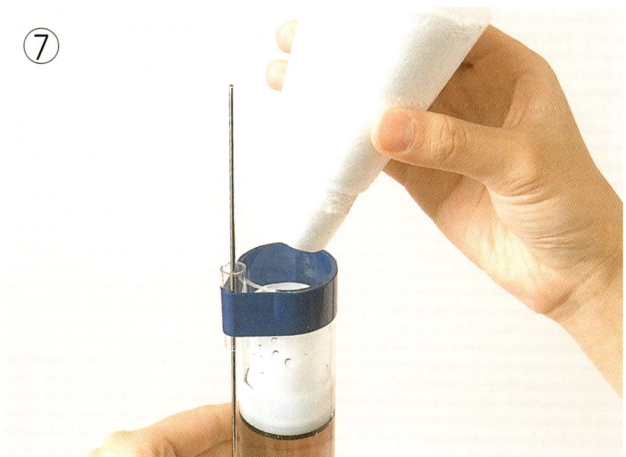

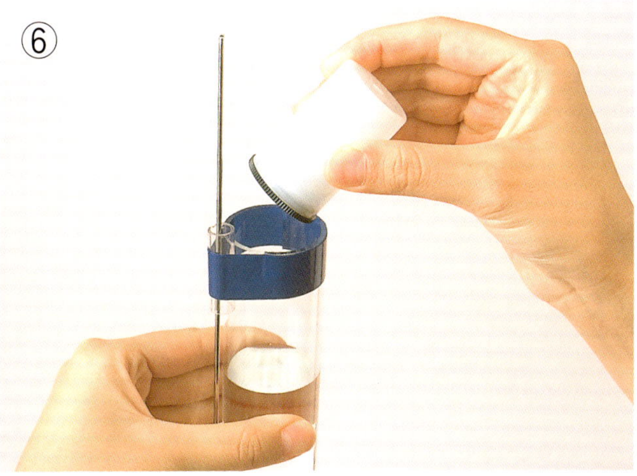

④
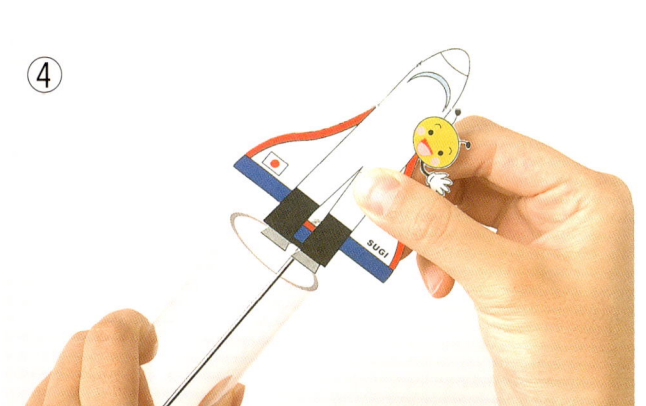

⑦
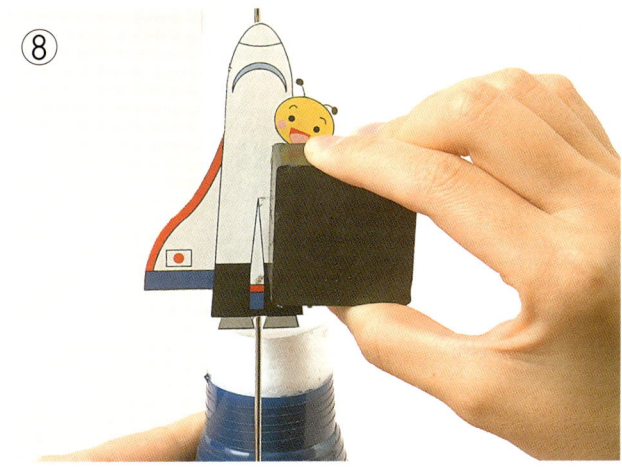

⑤

⑧
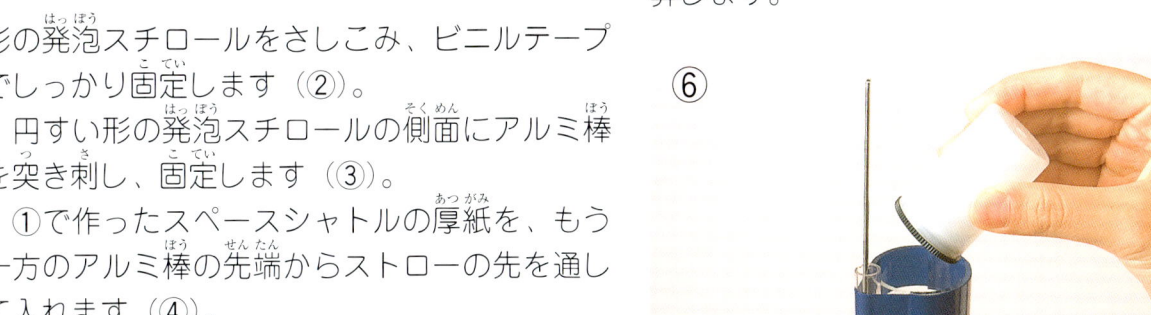

第1部　磁石で工作しよう

磁石ごまで動かす、ニョロニョロへび

　ミニディスクと磁石など身近にある材料で作ったよく回る磁石ごまと、そのそばでクリップで作ったへびがゆかいに楽しくニョロニョロを繰り返して動きます。

用意するもの

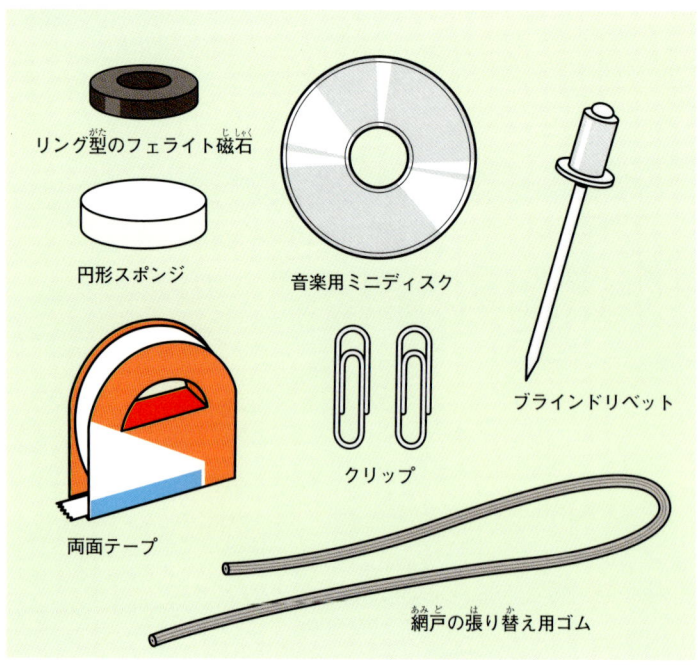

- リング型のフェライト磁石
- 円形スポンジ
- 音楽用ミニディスク
- ブラインドリベット
- クリップ
- 両面テープ
- 網戸の張り替え用ゴム

作り方のポイント

　ブラインドリベットに、網戸の張り替え用に使うゴムを切ってつけます（①）。このときブラインドリベットの先端は、けがをしないよう丸くけずっておきましょう。

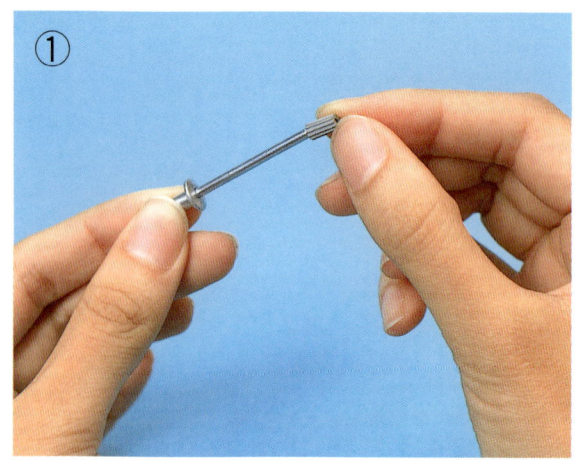

①

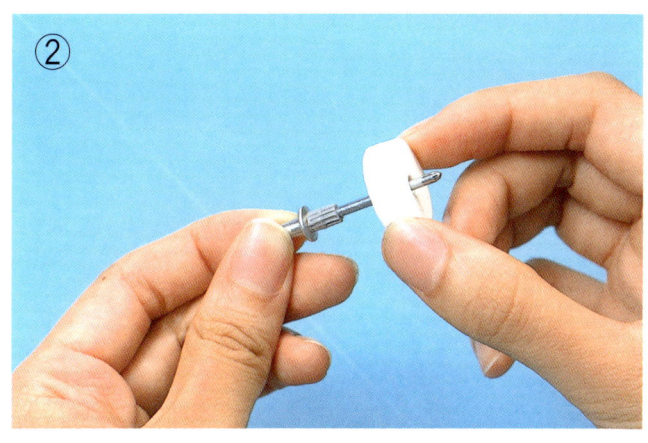

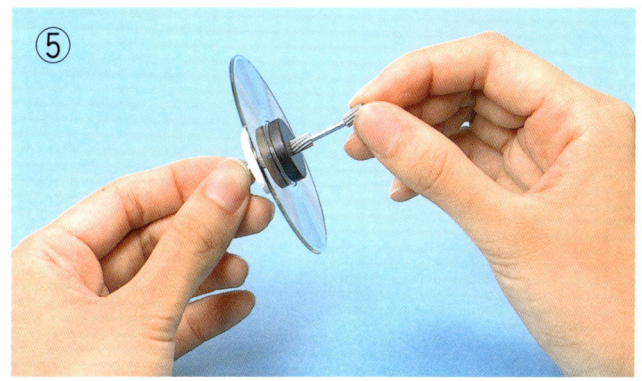

網戸用のゴムを通し終えたら円形のスポンジをはめます（②）。

次に音楽用ミニディスクの円盤部分の中心の穴に通します（③）。

リング型のフェライト磁石を取りつけます（④）。

④でできたものを網戸の張り替え用のゴムで固定します。また手で回す部分にも回しやすいように同じゴムをつけます（⑤）。

こまの中心が真っ直ぐになっているか確認します。不安定なようでしたら、スポンジとミニディスク、ミニディスクとリング型の磁石の間に両面テープをはってきっちり固定しましょう。

クリップを手で曲げ、へびを作ります（⑥）。

こまを回すとへびは前と後ろへ行ったり来たりを繰り返します。

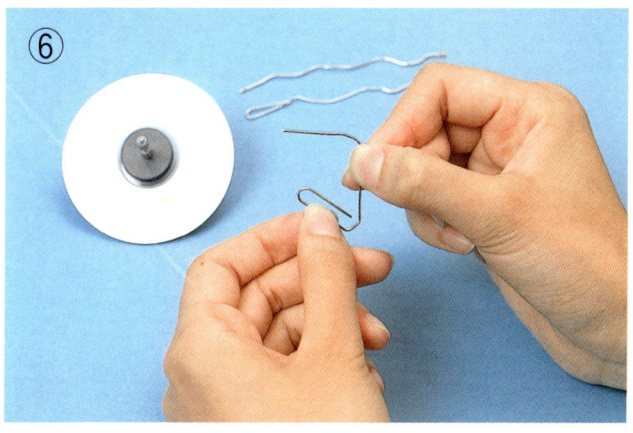

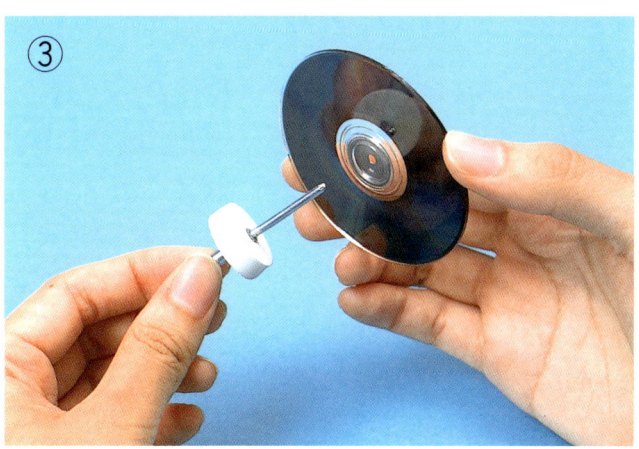

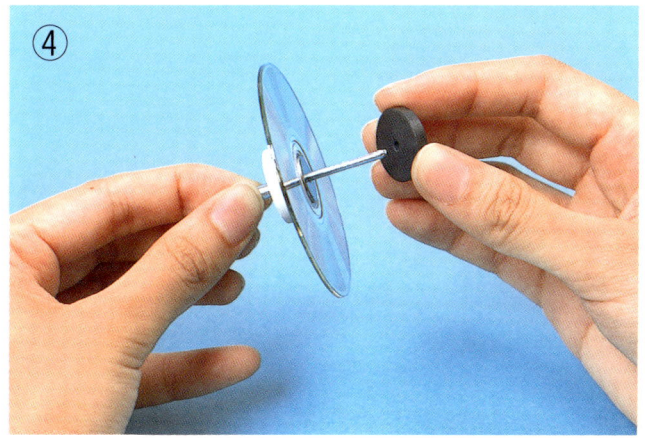

どうしてへびは動くの？

回転しているこまの軸にクリップのへびを近づけると、こまの軸の鉄が磁化しているためへびの片面にくっつきます。

するとへびは、こまの軸の回転によってくっついたまま片側を移動します。

へびの片方の端にきたこまの軸は、それまでくっついていた面とは逆の片面に移動してくっつき、へびが逆方向に移動します。

これを繰り返すことで、へびが往復運動をしているように見えるのです。

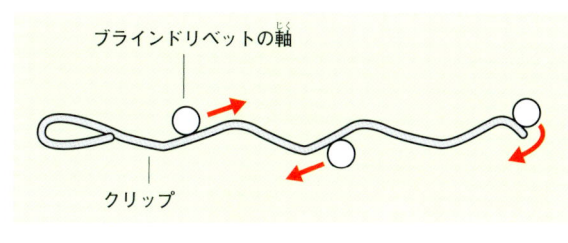

資料・制作協力：山口県防府市立松崎小学校　宮本勝彦先生

方位磁石を作ろう

磁石の作用で方位を知る方位磁石。コンパスとも言い、地球の磁気に反応してＮ極が北、Ｓ極が南を向きます。簡単な材料を使ってこの方位磁石を作ってみます。

用意するもの

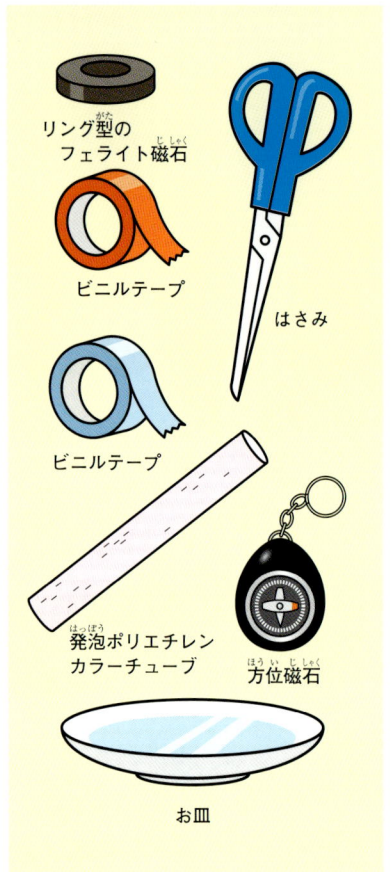

作り方のポイント

工作用の発泡ポリエチレンカラーチューブを、はさみで3.5cm切ります（①）。リング型のフェライト磁石の中央に、切った発泡ポリエチレンカラーチューブをつけます（②）。両端に色の違うビニルテープを巻き（③）、お皿に浮かべます。コンパスと同じ向きになることがわかります。

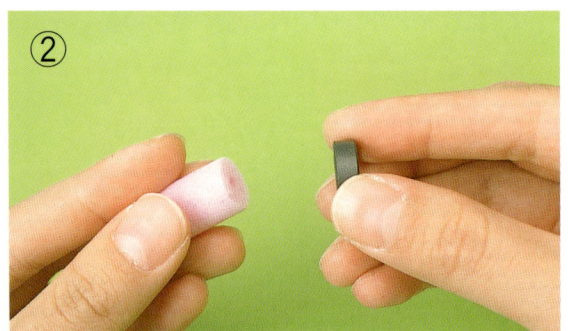

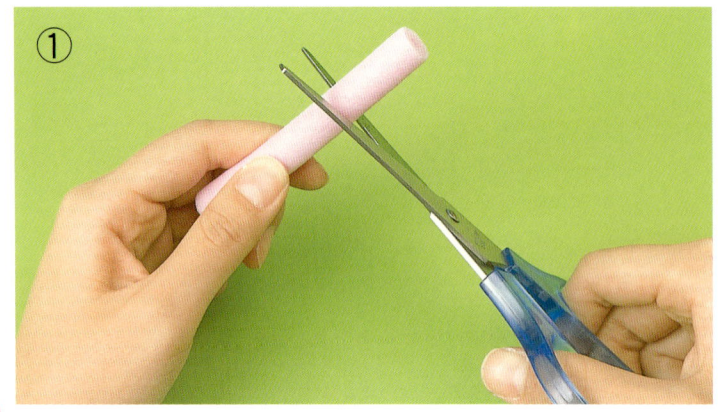

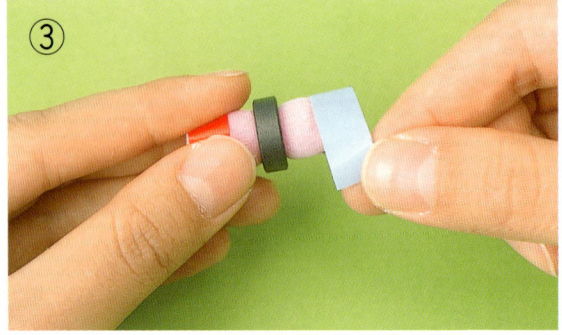

第2部 磁石（じしゃく）で実験（じっけん）しよう

第②部 磁石で実験しよう

キュリー・エンジンを作ろう

　鉄やニッケルなどの金属を加熱すると磁石にくっつかなくなります。この磁力が失われる現象を利用したキュリー・エンジンを作ってみましょう。

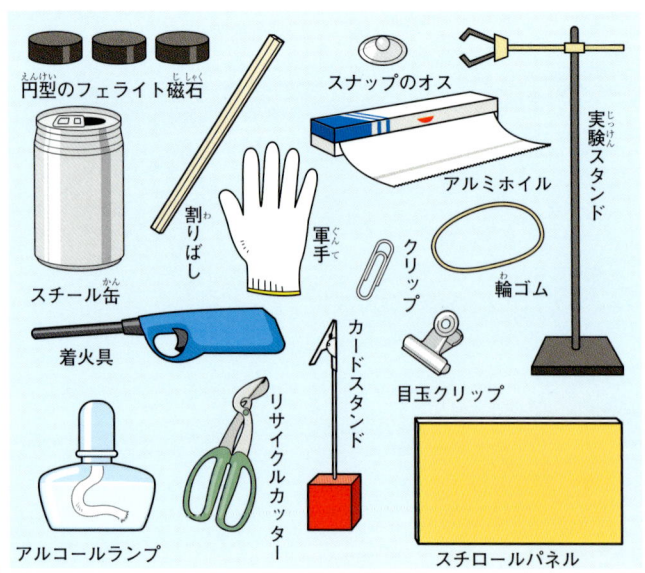

用意するもの

円型のフェライト磁石／スナップのオス／スチール缶／割りばし／軍手／アルミホイル／実験スタンド／クリップ／輪ゴム／着火具／カードスタンド／リサイクルカッター／目玉クリップ／スチロールパネル／アルコールランプ

実験の手順

スチール缶の側面に3mm間かくで切りこみを入れて外側に開き、回転子を作ります（①）。

①

を立てて固定し、先端に②で作った回転子のスナップのオスがかぶさるようにおきます（④）。

アルコールランプに火をつけ、回転子と磁石のそれぞれの中心を結ぶ線（⑤の破線）から、少しずれたところを熱します。加熱部がキュリー点に達すると、その部分が磁石にひきつけられなくなり、回転子がゆっくり回り始めます。

この回転子の底辺部に小さな穴を開け、スナップのオスを接着剤で固定します（②）。

フェライト磁石は温度が上がると磁力が失われるため、実験に使う前にアルミホイルで包みます（③）。このとき、包んだ磁石の熱が逃げるように、アルコールランプの火があたらない方のアルミホイルは、長めに出しておきます。

スチロールパネルに先をとがらせた割りばし

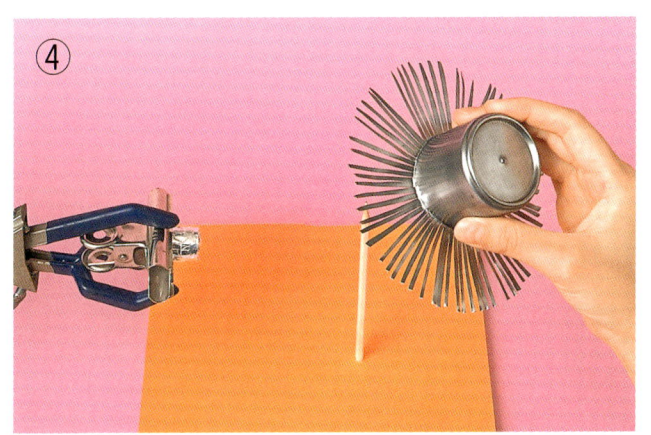

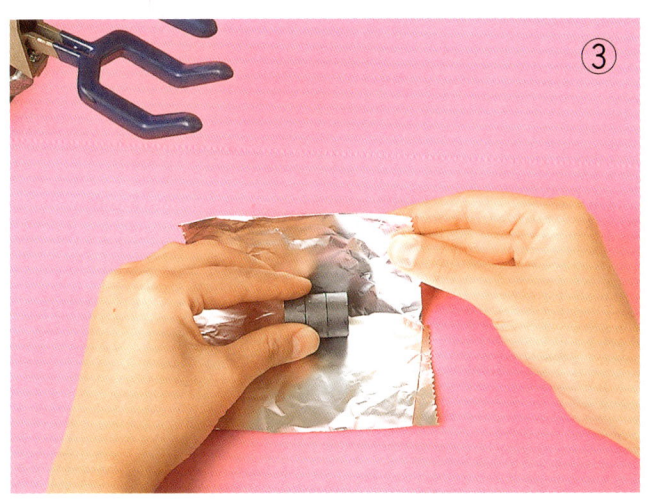

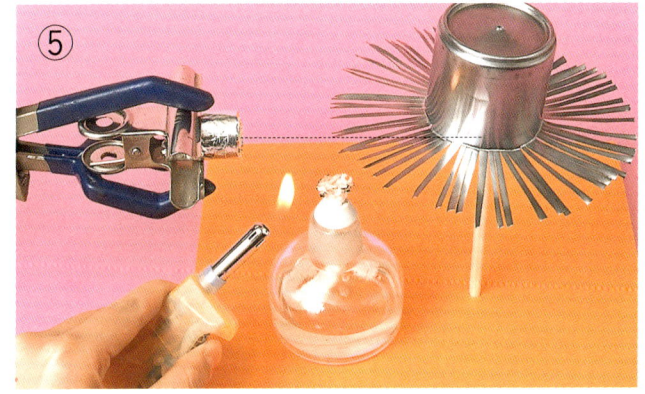

〈 注意 〉
撮影上、素手でスチール缶を切ったり扱ったりしていますが、実験をするときはかならず軍手をして、作業をしましょう。

鉄のキュリー点は約770℃

磁石に引きつけられ空中に浮いているクリップを、アルコールランプである温度に達するまで加熱すると、クリップは落下します。

このように磁石の働きが失われるときの温度をキュリー点といい、鉄は約770℃、ニッケルは約360℃です。

常温で磁石にくっつく鉄やニッケルも、キュリー点になると磁石にくっつかなくなるのです。

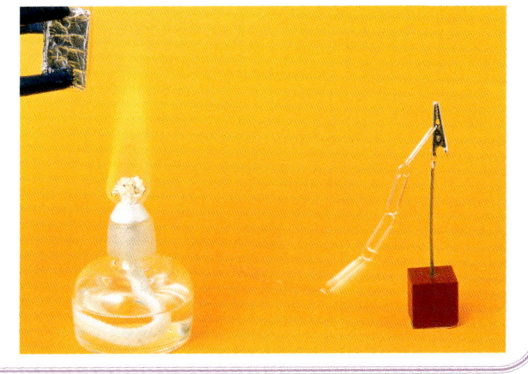

制作協力：茨城県立土浦工業高校　小林義行先生

第②部 磁石で実験しよう

クルクル浮かぶ磁石を作ろう

磁石どうしの引力と反発力を利用して、リング型の磁石に通したえんぴつを、空中に長時間浮かせてみよう。指を使ってえんぴつを回転させると、そのままバランスよく回り続けます。

用意するもの

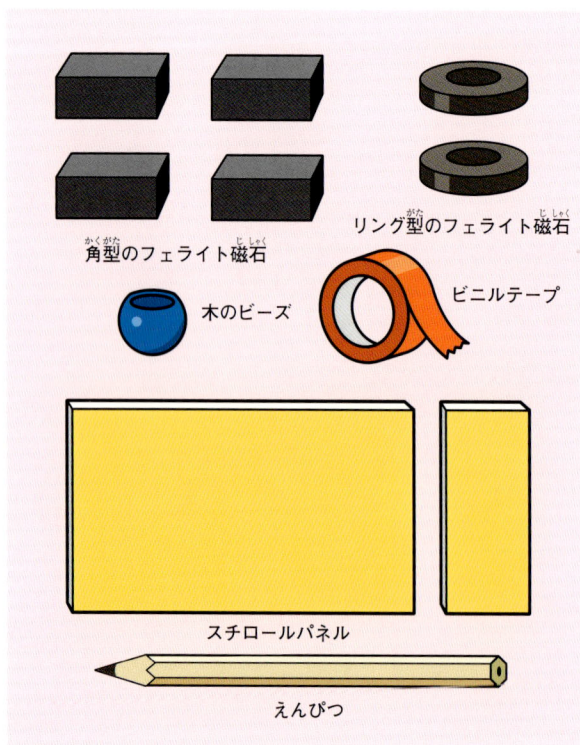

角型のフェライト磁石
リング型のフェライト磁石
木のビーズ
ビニルテープ
スチロールパネル
えんぴつ

実験の手順

スチロールパネルをはり合わせて台を作り、立てたスチロールパネルにS極が向かうように角型のフェライト磁石をおきます（①）。

①

磁石をおく目安は、1列目が立てたスチロールパネルから3.5cm、2列目は13.5cmで、磁石の間かくは2.5cmです。

えんぴつの先端部分に木のビーズをつけ、さらに先端から3.5cmのところにリング型のフェライト磁石をビニルテープで固定します（②）。

2個目の磁石も、先端から13.5cmのところに同じように固定します（③）。

磁石のついたえんぴつをスチロールパネル台におきます（④）。

えんぴつが浮かないときには、えんぴつとスチロールパネル、磁石の間かくを少しずつ動かして調節します。

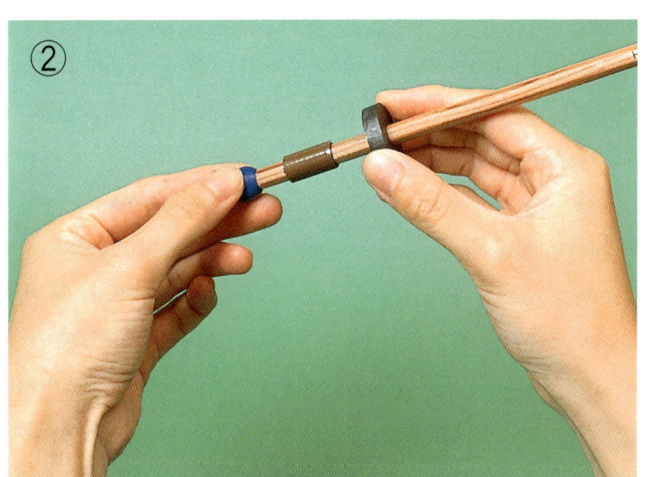

なぜ磁石が浮かぶの？

えんぴつについている磁石と、スチロールパネル台においた磁石の磁極を平行にすると、磁石同士が反発し合い磁石は浮き上がります。これはえんぴつとえんぴつについている磁石に働く重力と、磁石の反発力がつり合っているため浮き上がるのです。

しかし、そのままではそれぞれの磁石の磁力のバランスをとるのが難しいため、えんぴつは前や後ろに動き出します。

そこでえんぴつを立てたスチロールパネル側に動くように微妙に調整することで、それ以上えんぴつが水平方向に動かないようにします。

また、えんぴつの先に球形のものをつけることで、えんぴつの先に働く力が安定します。

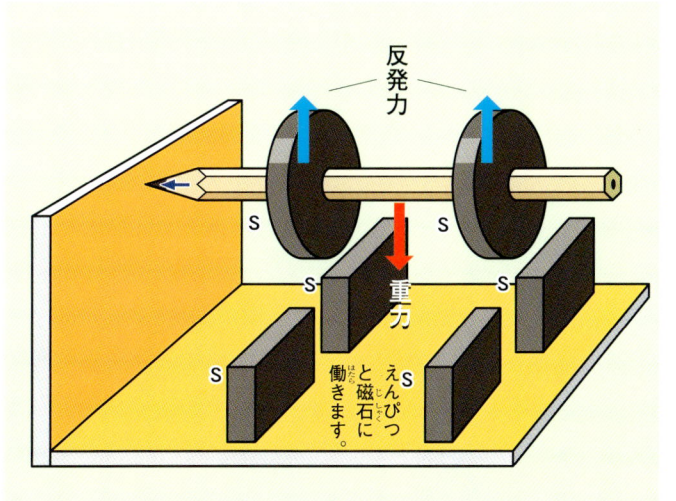

第 ② 部 磁石で実験しよう

タイミングディスクモーターを作ろう

永久磁石を取りつけた回転子を、電磁石の磁界の中で回転させるタイミングディスクモーター。電磁石を永久磁石に近づけたり、遠ざけたりすると回転速度が無段階に変えられます。

用意するもの

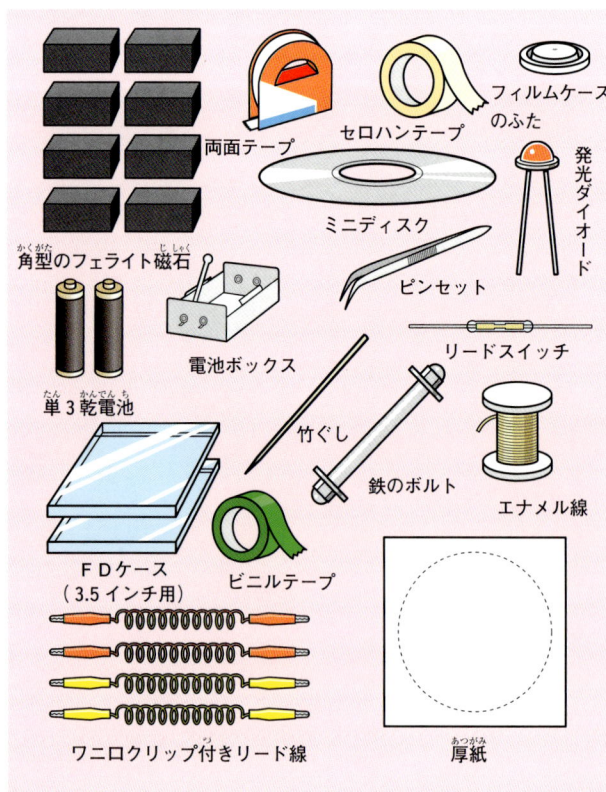

実験の手順

直径8cmの厚紙を円盤状に切り抜き、その周囲4か所に、等間かくで各2個の角型のフェライト磁石を同じ極が外側に向くように両面テープではりつけます（①）。

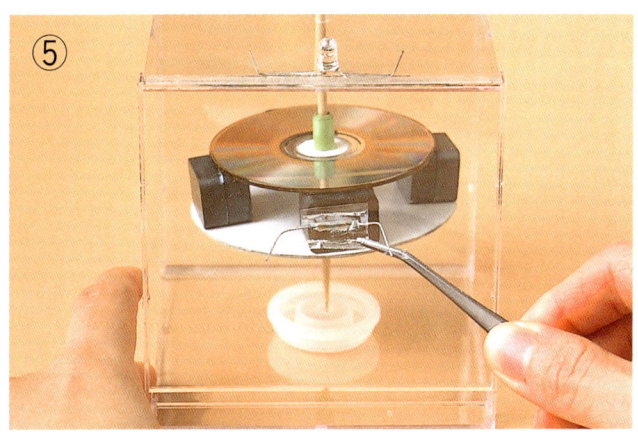

　竹ぐしの先2.5cmのところにビニルテープを巻き、①で作った円盤と音楽用のミニディスクを通し、回転子を作ります（②）。くしがゆれないように上部にもビニルテープを巻きます。

　FDケース（3.5インチ用）を③のように組み合わせ、ケースの底にフィルムケースのふたを両面テープで固定します。また、上ぶた部分には、回転子の軸を通す小さな穴を開けておきます。

　②で作った回転子をFDケースの中に入れ、フィルムケースのふたの部分にのせます（③）。

　FDケースの上部に発光ダイオードをセロテープで固定します（④）。

　回転子の磁石と向き合うように、FDケースの正面にリードスイッチを固定します（⑤）。

　⑥の写真を参考に、発光ダイオードとリードスイッチ、電池ボックスと、焼きなましをした鉄のボルトで作った電磁石をつなぎます。

　電池ボックスのスイッチを入れ、電磁石をリードスイッチから135度の角度より回転子の磁石に近づけ（⑦）、竹ぐしを軽く回してみます。すると回転子が回り始め、発光ダイオードが点滅します。

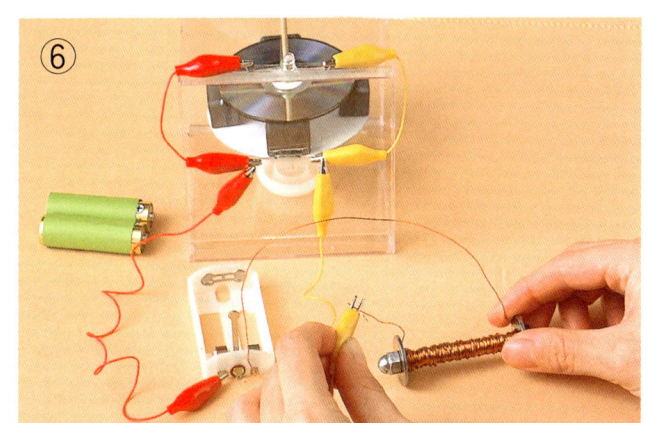

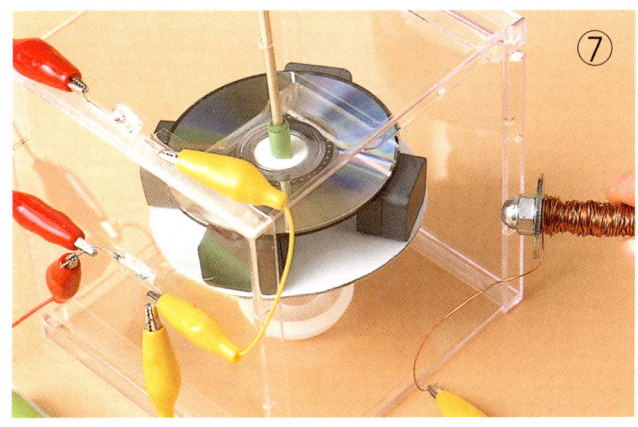

制作協力：元神奈川県公立小学校校長　田中義朗先生

第2部 磁石で実験しよう

パイプ発電機で発光ダイオードを光らせよう

アクリル管の中央にコイルを作り、管の中を磁石が移動することによって発電するパイプ発電機を作りました。発光ダイオードがきれいにまばたきます。

用意するもの

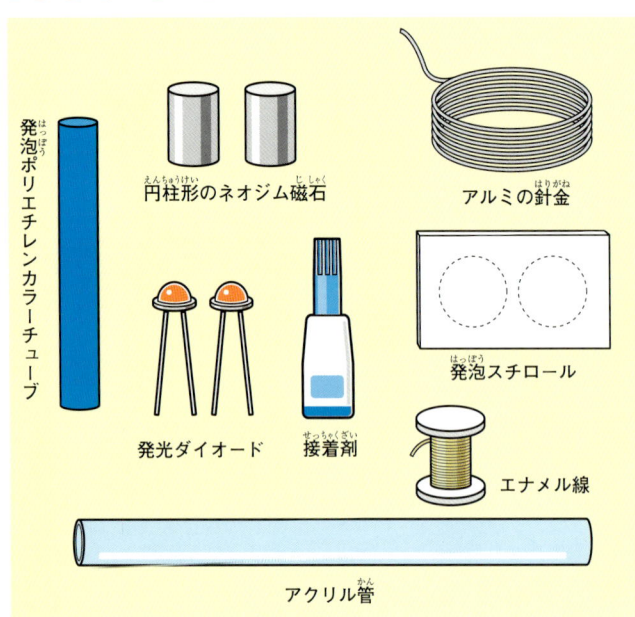

発泡ポリエチレンカラーチューブ / 円柱形のネオジム磁石 / アルミの針金 / 発光ダイオード / 接着剤 / 発泡スチロール / エナメル線 / アクリル管

実験の手順

直径1cm、長さ20cmのアクリル管の一方に発泡ポリエチレンカラーチューブを接着剤で固定します（①）。

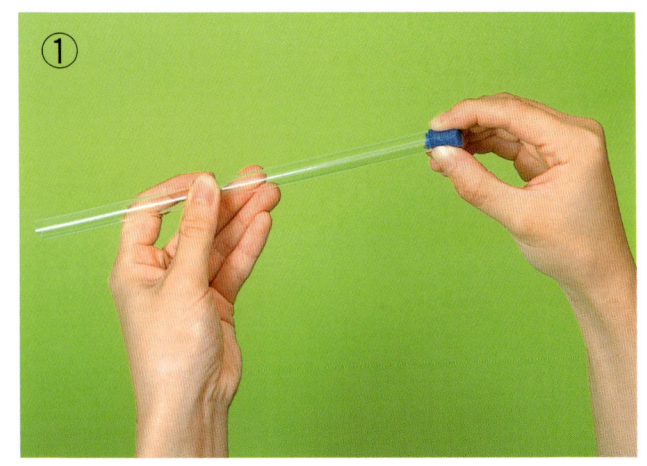

①

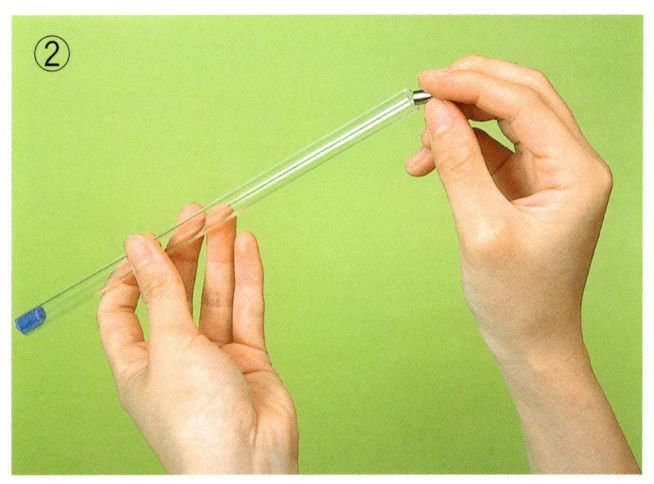

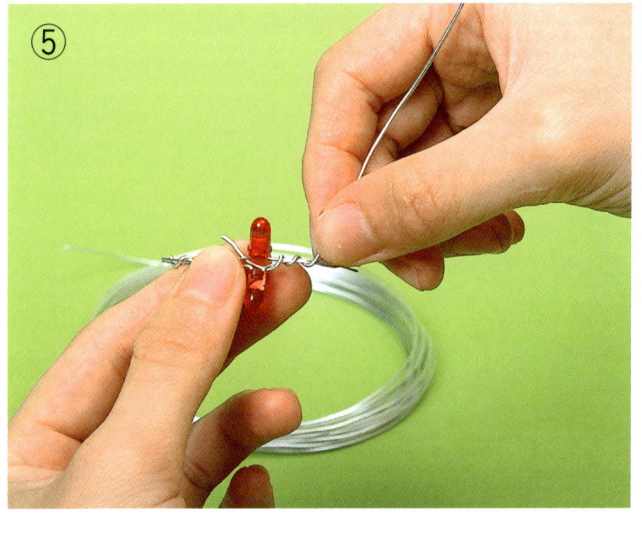

　もう一方から円柱型のネオジム磁石を入れ、発泡ポリエチレンカラーチューブを接着剤でしっかりふさぎます（②）。
　穴を開けた丸い発泡スチロールの円盤をアクリル管にさし、もう一つの円盤も2cmの間かくをあけて中央部で固定します（③）。
　エナメル線の先端を5cmほど出し、③の円盤の間に、エナメル線をできるだけきれいに巻きコイルを作ります。巻く回数は300回で、もう片方のエナメル線も5cmほど出しておきます（④）。
　発光ダイオード2個の両足を開いて、アルミの針金をしっかり巻きつけます（⑤）。
　アルミの針金を巻きつけた発光ダイオードをコイルに取りつけ（⑥）、エナメル線の両端を発光ダイオードの両足にそれぞれつなぎます（⑦）。
　できあがったパイプ発電機を上下左右に振ります。ネオジム磁石がコイルの中を通るときに、発光ダイオードが光ります。

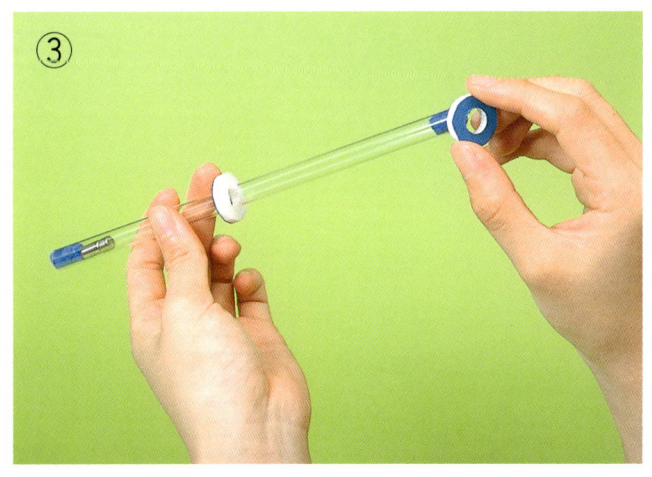

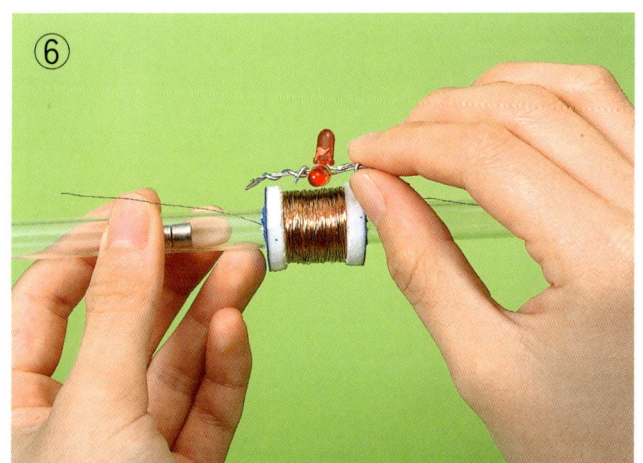

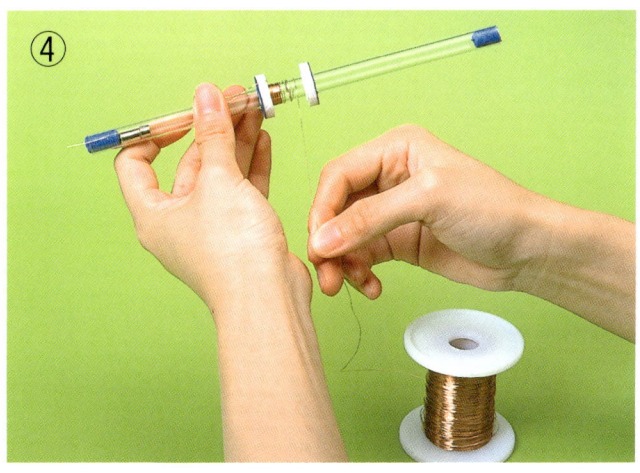

第 ② 部　磁石で実験しよう

ガウス加速器

　球形のネオジム磁石と鋼球を使って、鋼球がレールの上を猛烈なスピードで飛び出すガウス加速器を作ります。その速さにビックリします。

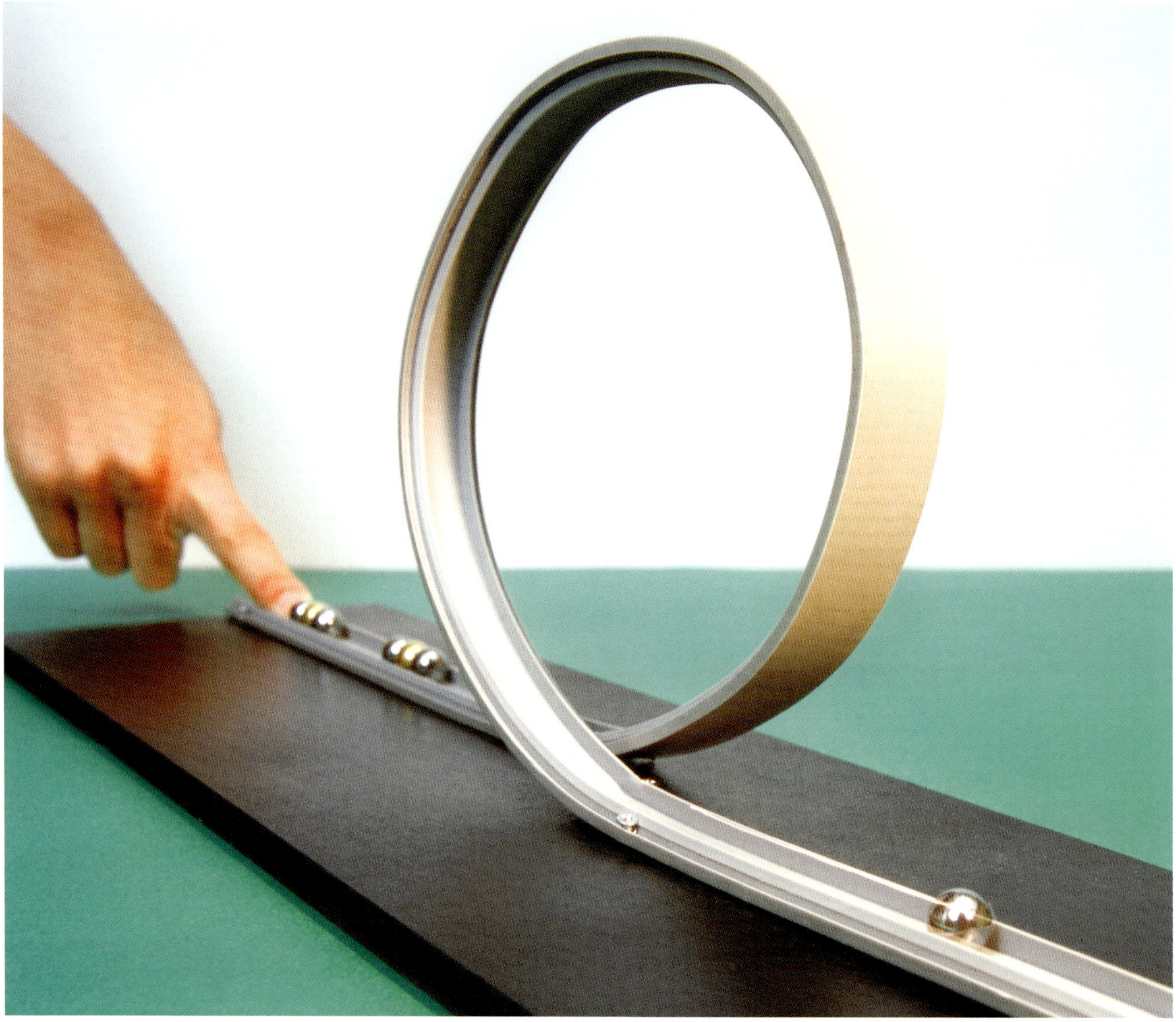

用意するもの

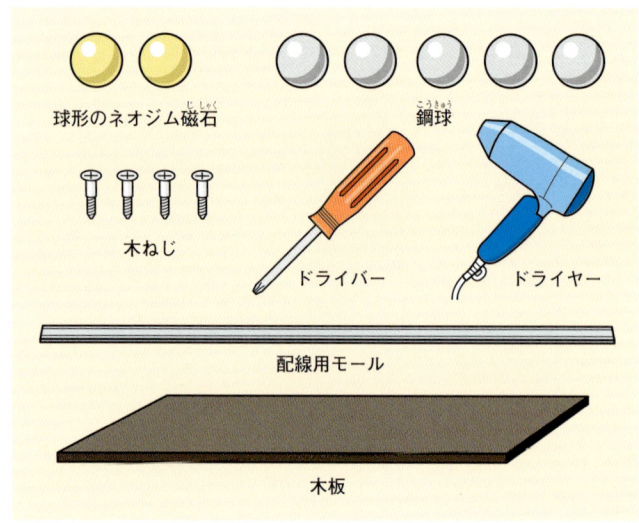
- 球形のネオジム磁石
- 鋼球
- 木ねじ
- ドライバー
- ドライヤー
- 配線用モール
- 木板

①

実験の手順

木板に配線用のモールを木ねじで固定します（①）。

ループの部分は、ドライヤーなどで温めながら少しずつ力をかけて曲げます（②）。

ループが曲がったら、板に木ねじでしっかり固定します（③）。

モールの先端に球形のネオジム磁石（金色）・鋼球（銀色）・鋼球の順でモール上に並べます。また、モールの少し先にも同じように球形のネオジム磁石・鋼球・鋼球を並べます（④）。

鋼球を1列目のネオジム磁石に近づけてみます。鋼球がネオジム磁石に引きつけられた瞬間、あっという間に反対側の鋼球をはじき飛ばし、次に2列目のネオジム磁石に衝突すると、反対側の鋼球はループを猛烈な速さで進みます。

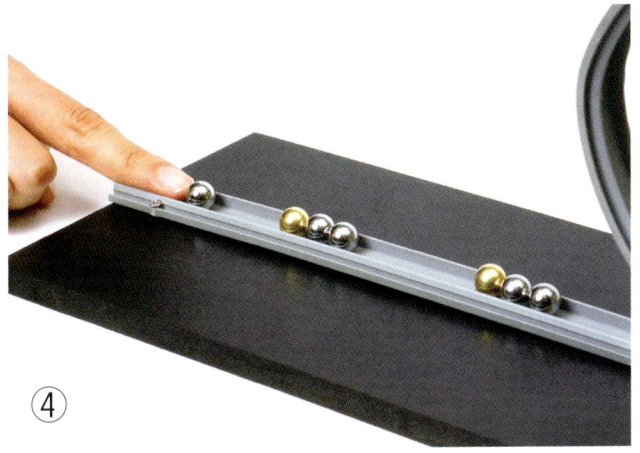

③

②

④

※鋼球が勢いよく飛び出すので、ループの出口には人がいないことを確認してください。

ガウス加速器

鋼球Aをネオジム磁石に近づけると、ネオジム磁石の引きつける力により、速度が大きくなって鋼球Aが1列目のネオジム磁石に勢いよくぶつかります。

鋼球Bは、ほかの鋼球と比べネオジム磁石から離れているため、働く磁力が弱いので鋼球Aがネオジム磁石にぶつかった際に鋼球Bだけが押し出されます。

そして鋼球Bが飛び出してネオジム磁石Cと衝突すると、鋼球Dも同じようにネオジム磁石Cからほかの鋼球と比べ離れているので、鋼球Dだけが押し出され、勢いよく飛び出します。

鋼球はネオジム磁石に近づくにつれて運動エネルギーが増加します。このガウス加速器では運動エネルギーが増加する機会が2回あります。そのたびに鋼球の速度が大きくなります。

衝突する鋼球の速度が速ければ速いほど、飛び出す鋼球の速度も大きくなります。そのため、最終的に飛び出す鋼球の速度が最初の鋼球Aと比べ、とても大きくなっています。

制作協力：神奈川県立横浜桜陽高校 右近修治先生

第 ② 部　磁石で実験しよう

うず電流の力でこまを回そう

　磁石ではくっつかないアルミニウムの円盤を、磁石のついたコンパクトディスクで回転させると勢いよく回ります。これは磁石の回転で生まれたうず電流が作る磁界の働きによるものです。うず電流が作る磁界の働きを見てみましょう。

用意するもの

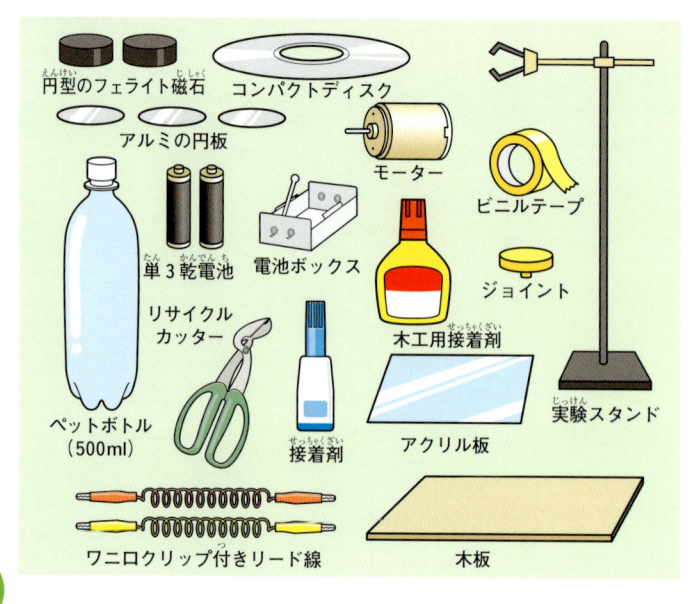

円型のフェライト磁石、コンパクトディスク、アルミの円板、モーター、ビニルテープ、単3乾電池、電池ボックス、ジョイント、リサイクルカッター、木工用接着剤、ペットボトル（500ml）、接着剤、アクリル板、実験スタンド、ワニ口クリップ付きリード線、木板

実験の手順

　本体を切ったペットボトルの口元に、モーターを固定します（①）。口元がゆるいよう

①

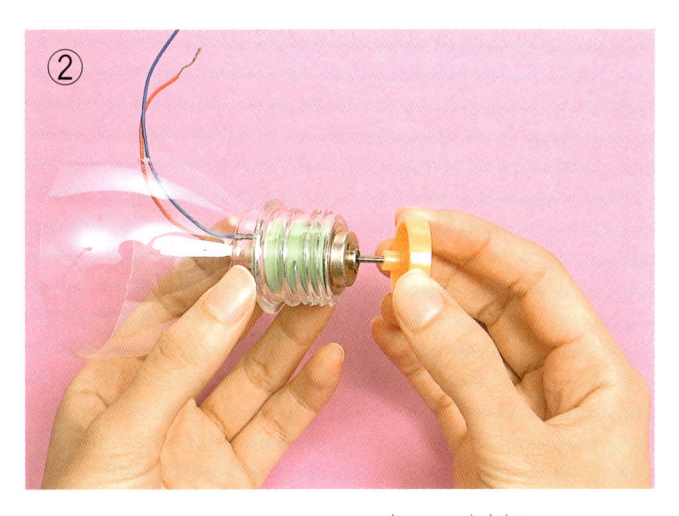

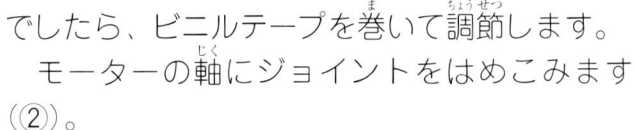

でしたら、ビニルテープを巻いて調節します。
　モーターの軸にジョイントをはめこみます（②）。
　コンパクトディスクに、N極、S極の円型のフェライト磁石を中心点から対称に接着剤でしっかりとはりつけ、回転体を作ります（③）。
　③の回転体を、モーターがついたジョイントの中央に接着剤ではりつけます（④）。
　④の回転台を土台となる板に接着剤で固定します（⑤）。
　回転台が接着されたら電池ボックスにつながるよう配線します（⑥）。
　実験スタンドでアクリル板をはさみ、回転台の数ミリ上部で固定し、アクリル板の上に色をつけたアルミニウムの円盤をおきます（⑦）。
　円盤が回転しないときは、アクリル板を少しずつ回転台に近づけます。

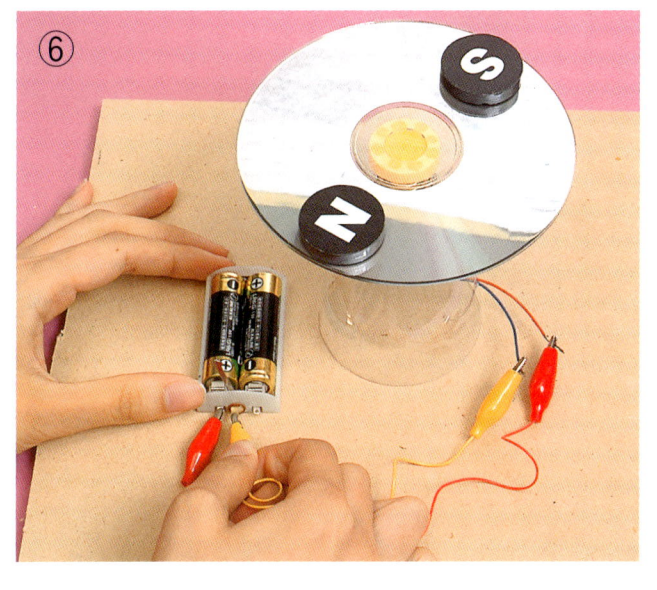

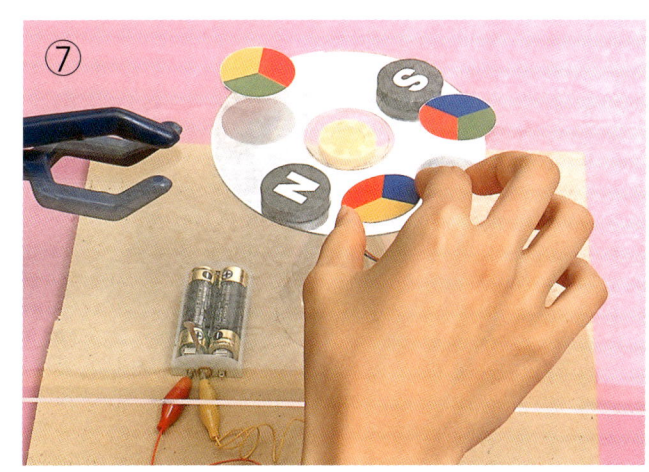

第 ② 部 磁石で実験しよう

スピーカーを作ってみよう

　スピーカーはコイルの磁界と磁石の磁界が引き合ったり、反発したりするときの振動を伝えて音にします。身近にある紙コップやフィルムケースなどを振動板に利用して、スピーカーを作ってみましょう。

用意するもの

円型のフェライト磁石
エナメル線
セロハンテープ
両面テープ
アルミ缶
ピンセット
紙コップ
プリンの空き容器
イヤホン端子
厚紙
フィルムケース
模型
ワニ口クリップ付きリード線
CDプレイヤー

実験の手順

　プリンの空き容器の下部にエナメル線を巻きます（①）。

①

38

巻き始めの先端を10cmほど出してセロハンテープで留め、エナメル線を巻き終えたら、ピンセットを使って再びセロハンテープで留めます（②）。

②で作った振動板の底に、両面テープで円型のフェライト磁石をはりつけます（③）。

両先端のエナメル線を紙やすりでみがき、ワニ口クリップ付きのリード線をつないでから、CDプレイヤーのイヤホン端子につなぎます（④）。すると、プリンの空き容器からメロディが流れてきます。

スピーカーに使う容器によって、あらかじめコイルを巻いておき、容器の底につける必要があります。

スピーカーの基本的な仕組み

スピーカーの構造は、コイルが振動板についていて、そばに磁石が置かれています。

音声電流は、音に合わせて大きくなったり、小さくなったりしています。この音声電流がコイルに流れると、コイルに発生する磁力も強くなったり、弱くなったりします。

このためコイルは永久磁石の磁力と影響し合って振動し、さらにその振動が振動板に伝わり、周囲の空気を振るわせて音となって聞こえるのです。

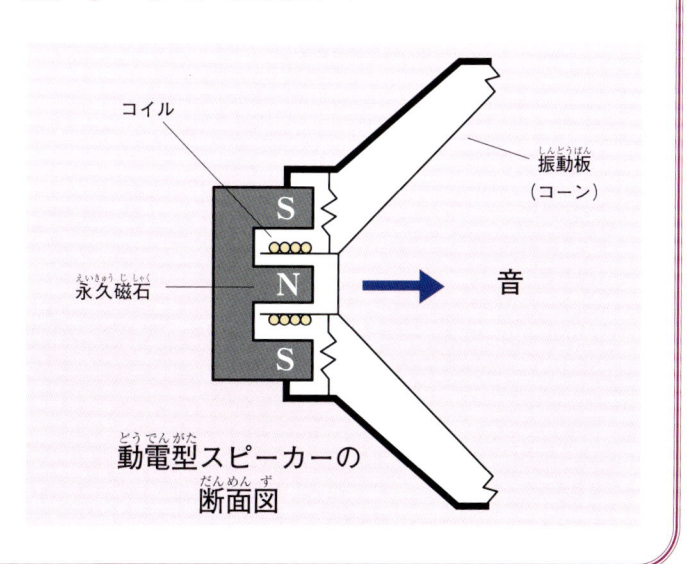

動電型スピーカーの断面図

第②部　磁石で実験しよう

シンプルモーターを作ろう

　磁石の磁界の中に、回転軸を通したコイルをおいて電流を流すと、コイルが回り始め、モーターができます。簡単にできるモーターを作って、コイルが回転する仕組みを考えてみましょう。

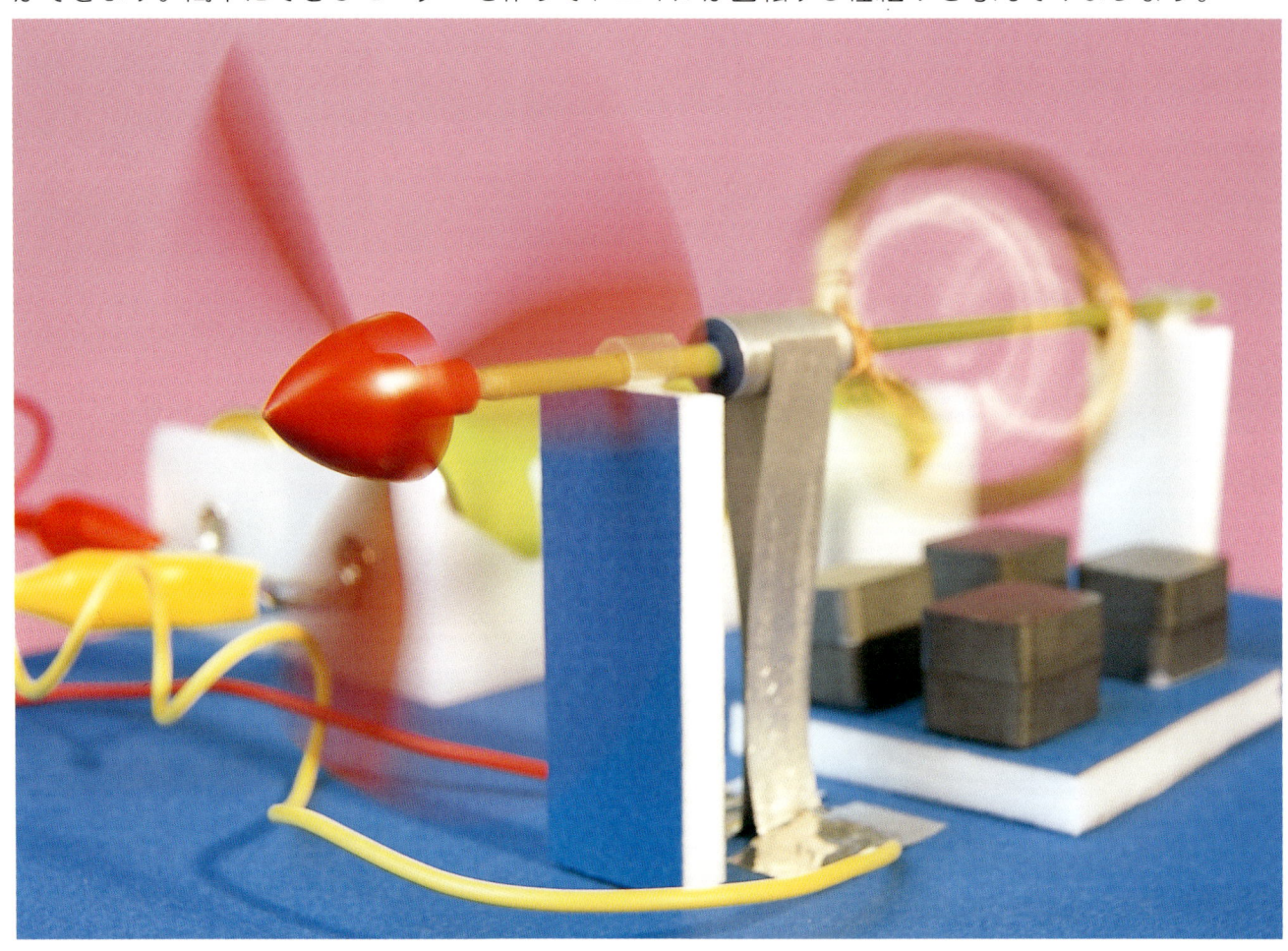

用意するもの

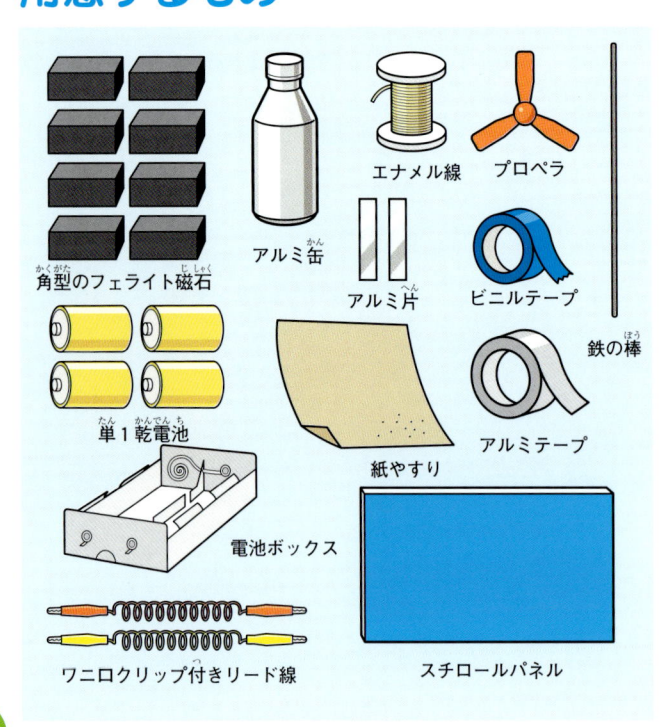

- 角型のフェライト磁石
- アルミ缶
- エナメル線
- プロペラ
- アルミ片
- ビニルテープ
- 単1乾電池
- 紙やすり
- 鉄の棒
- アルミテープ
- 電池ボックス
- ワニロクリップ付きリード線
- スチロールパネル

実験の手順

　アルミ缶にエナメル線を100回ほど巻いてコイルを作ります。両先端のエナメル線は5cm出しておき、紙やすりで被膜をけずりおとしておきます（①）。

①

②

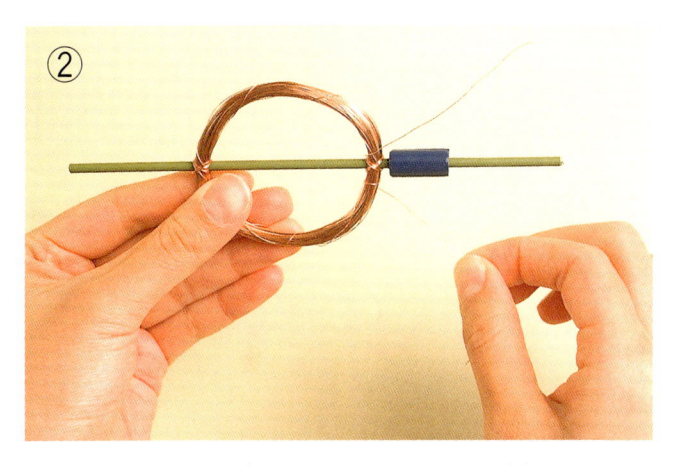

　エナメル線を巻き終えたらアルミ缶からはずし、（②）のように鉄の棒を通します。さらに、余ったエナメル線で鉄の棒を固定します。また、整流子に使うビニルテープを巻いておきます。
　整流子用のビニルテープに2本のエナメル線をのばし、1～2mmの間かくをあけアルミテープをそれぞれはります（③）。
　軸受けとなる台に③をセットします（④）。
　アルミ缶を切って曲げたアルミ片を、リード線につなぎ、アルミテープで台にはりつけます（⑤）。このとき、アルミ片は紙やすりでよく磨いておきます。

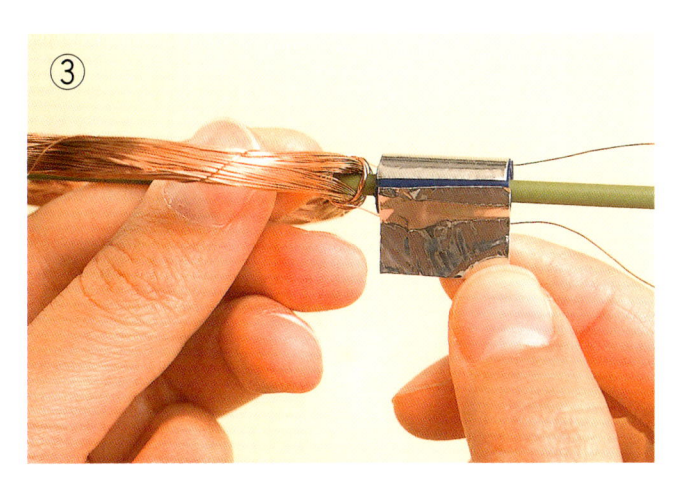

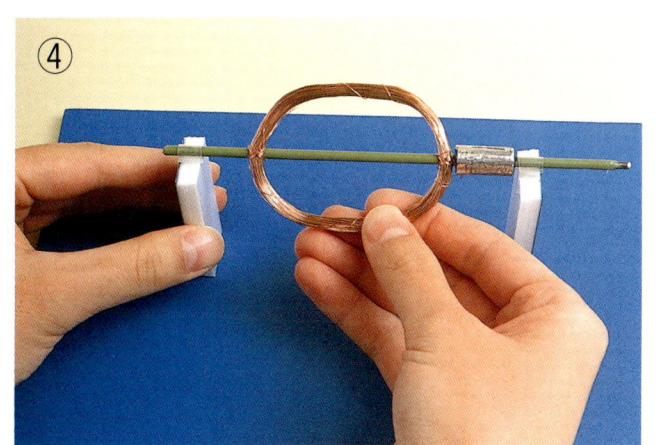

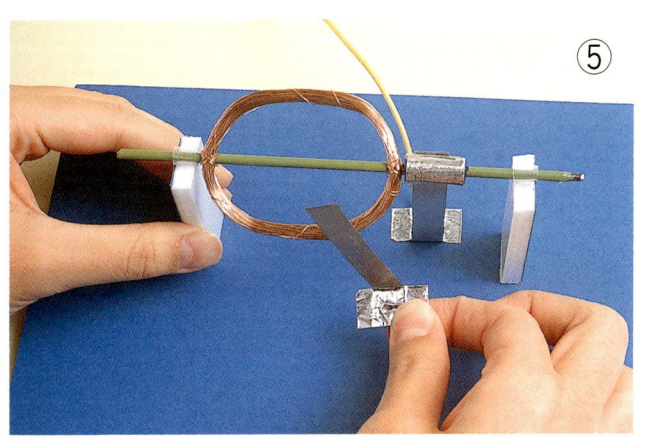

　角型のフェライト磁石を2個重ね、スチロールパネル台の4か所に両面テープではります（⑥）。
　⑤で作った台におきます（⑦）。
　リード線を電池ボックスにつなぎます（⑧）。コイルを指で回すとすぐに回転します。

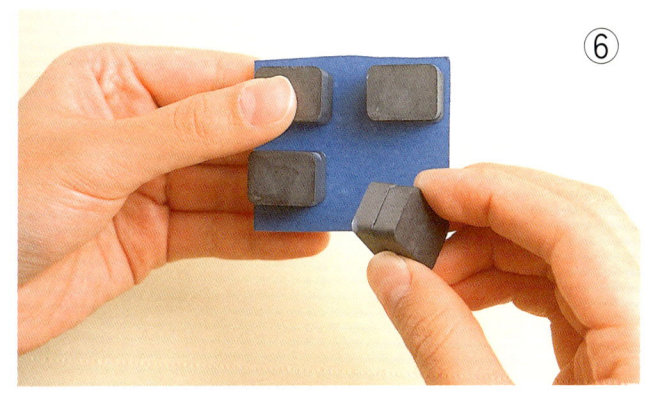

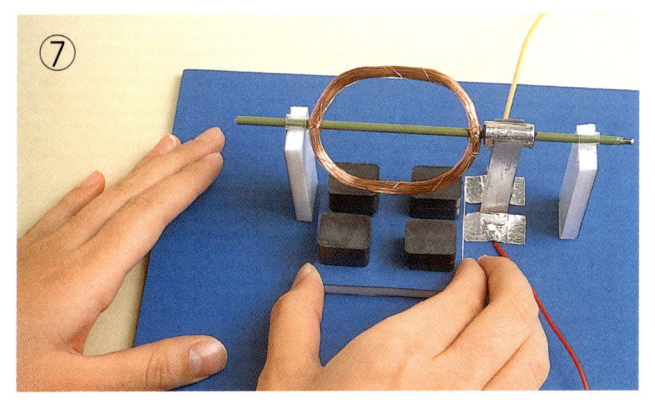

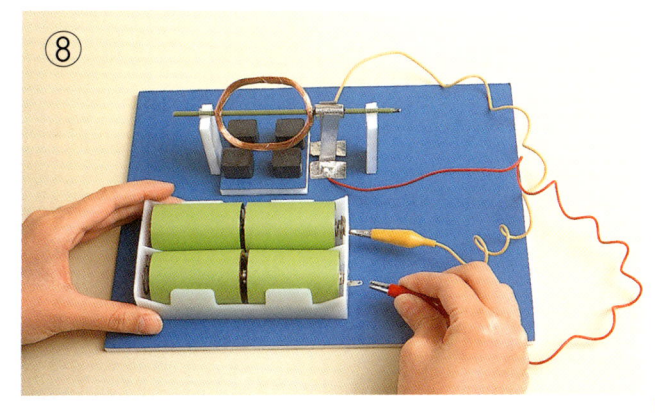

③

④

⑤

⑥

⑦

⑧

第 2 部　磁石で実験しよう

電気ぶちごまを作ろう

　細い布でこまの側面をたたいて回し続ける日本の伝統的なおもちゃ「ぶちごま」。この回転力を磁界と電流で作り出したのが「電気ぶちごま」です。アルミ皿の上でブンブン回る電気ぶちごまにチャレンジしてみましょう。

用意するもの

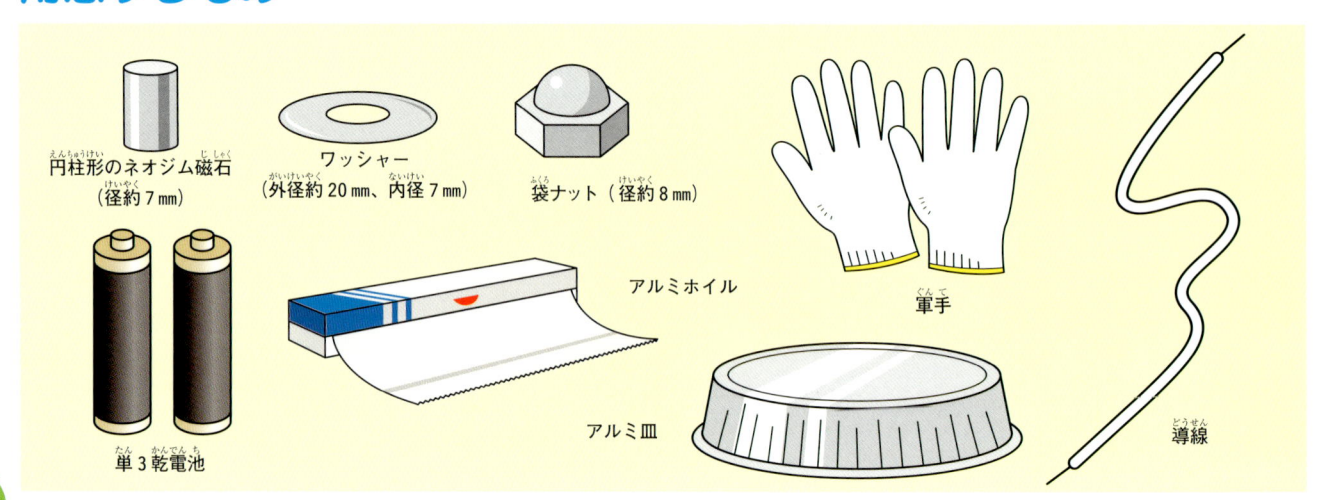

- 円柱形のネオジム磁石（径約7mm）
- ワッシャー（外径約20mm、内径約7mm）
- 袋ナット（径約8mm）
- アルミホイル
- 軍手
- アルミ皿
- 導線
- 単3乾電池

実験の手順

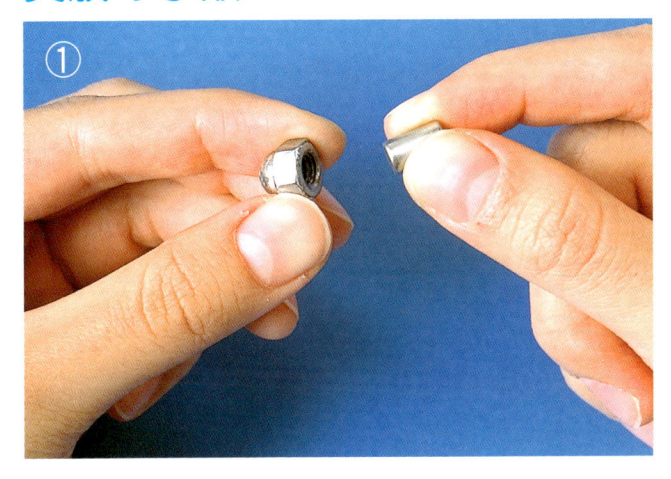

① 袋ナットの中央に、丸形のネオジム磁石をくっつけます（①）。

①でできあがったものにワッシャーを通します（②）。

そして、アルミホイルをしいた台の上にアルミ皿をのせます（③）。

こまをまわす準備ができたら（④）、単3乾電池2本を直列にして、マイナス極に導線を固定し、プラスの極をアルミ皿におしつけます。アルミ皿の上でこまを回し、こまが回ったら導線をこまの側面にあてると、こまは勢いよく回ります（⑤）。

単3乾電池を、アルミホイルをしいた台の上においても、こまが回るか挑戦してみましょう。

電気ぶちごまが回る仕組み

電流が流れると磁界が発生します。こまからアルミホイルに電流が流れるとき、磁石の磁界と電流のまわりの磁界が作用し合い、力が発生します。

この力が回転力としてこまに連続して伝わるので、こまは加速がついて高速で回転します。

〈注意〉
撮影上、素手で実験をしていますが、単3乾電池を2個直列につなぐと、電極が熱くなります。かならず軍手を使いましょう。

制作協力：兵庫県高砂市立阿弥陀小学校　高田昌慶先生

第2部 磁石で実験しよう

磁石の磁力線を立体的に見てみよう

　磁石のまわりには、鉄やニッケルなどの金属を引きつける力「磁力」が働いています。その磁力が働く範囲を「磁界」といい、N極から出てS極に向かう磁界の向きにそってかいた線を「磁力線」といいます。お菓子の袋の口を閉じるときなどに使うビニ帯を細かく切って、磁石にくっつかせて磁石の磁界の様子を立体的にとらえてみましょう。

用意するもの

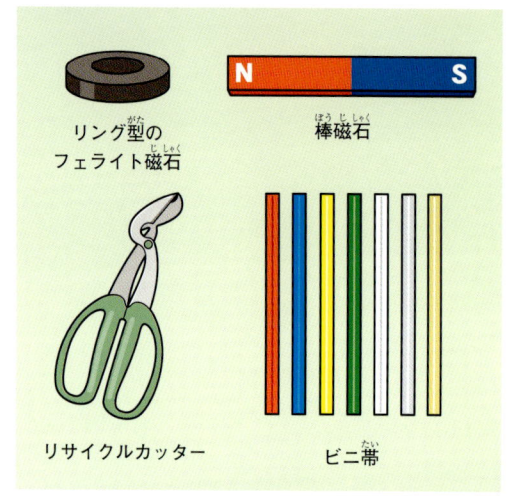

- リング型のフェライト磁石
- 棒磁石
- リサイクルカッター
- ビニ帯

44

制作協力：京都府八幡市立八幡第二小学校　野村治先生

第3部 磁石を調べてみよう

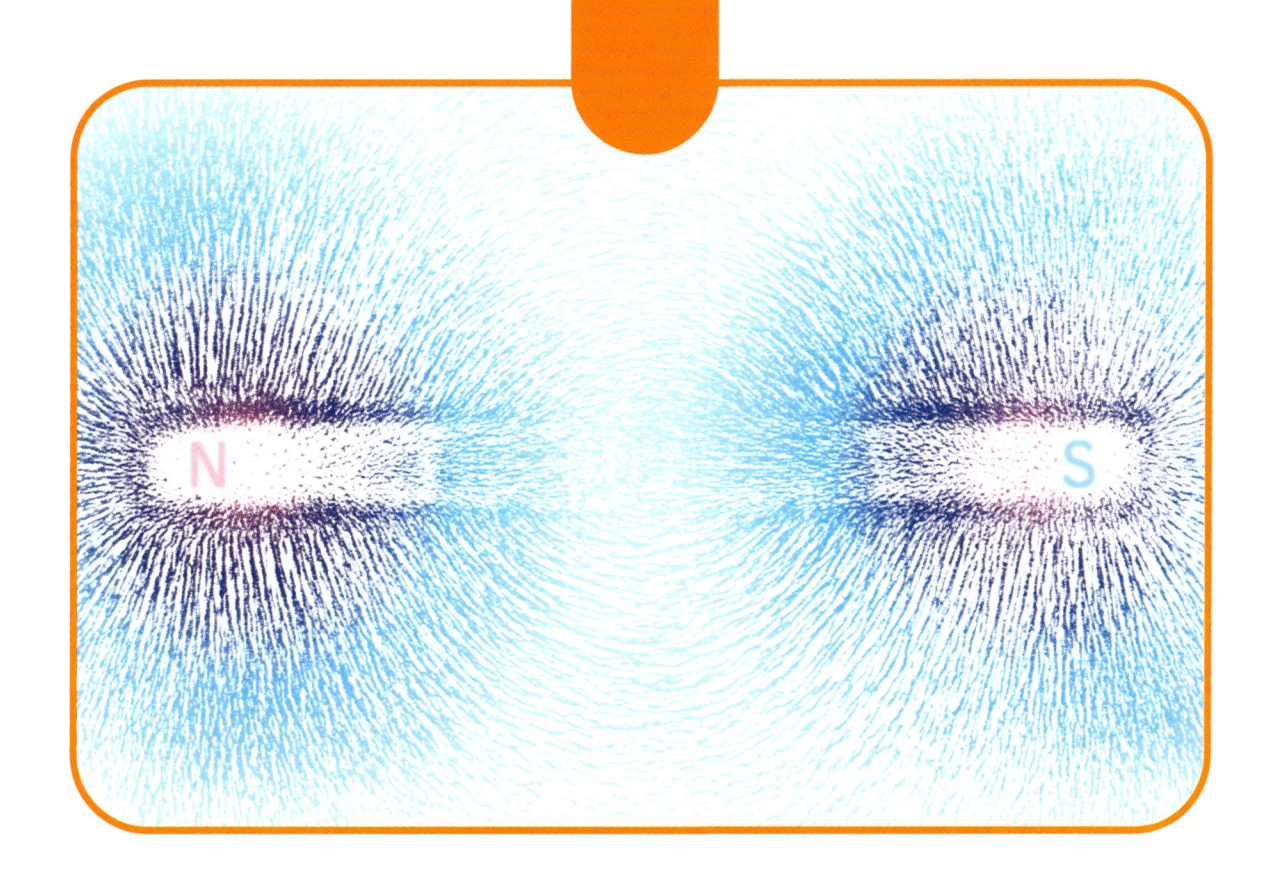

磁石って何？

　N極とS極の2つの磁極を持っている磁石。同じ極は反発しあい、異なる極は引っ張り合う性質を持っています。紀元前600年頃には、マグネットの由来であるギリシアのマグネシア地方で天然磁石が産出され、不思議な性質を持つ磁石の存在が広く知られていたようです。

　現在では私たちの身の回りにあるデジタル家電、携帯電話、自動車など、多くのものに様ざまな形で磁石が使われています。

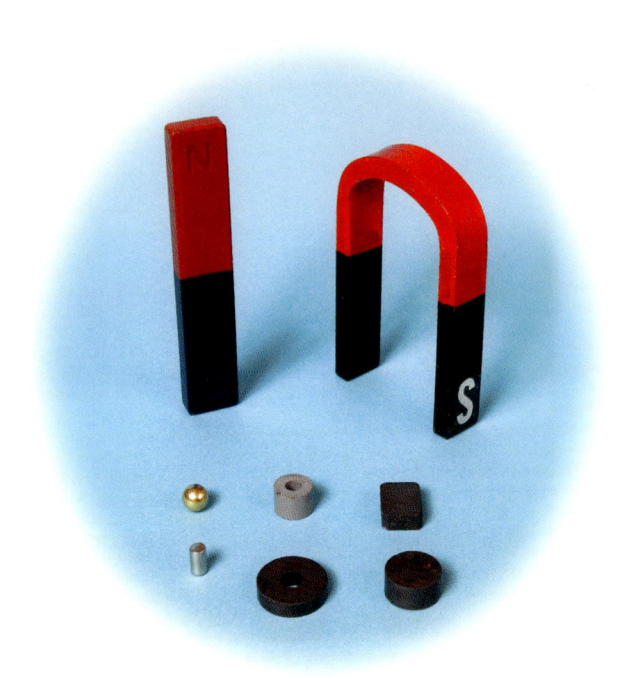

　2004年度の日本国内での磁石の生産量を金額ベースでみると約910億円（社団法人日本電子材料工業会：統計資料）で、その70%以上が希土類磁石です。

　その希土類磁石では、日本は世界トップの生産量を誇り、世界生産量の半数以上を日本のメーカーが占めています。日本が磁石大国といわれるゆえんです。

　今後、磁石の生産はノートパソコンや携帯電話、ハイブリッドカーなどの普及に伴って飛躍的に増加すると思われます。

磁石の主な種類

　磁石の種類は、混ぜ合わせる材料や製造方法、その特性などによって大きく分けると下図のようになります。磁石には実に多くの種類があり、それぞれの特性を生かせるよう、使用する目的や環境、形状などによって上手に使い分けられています。

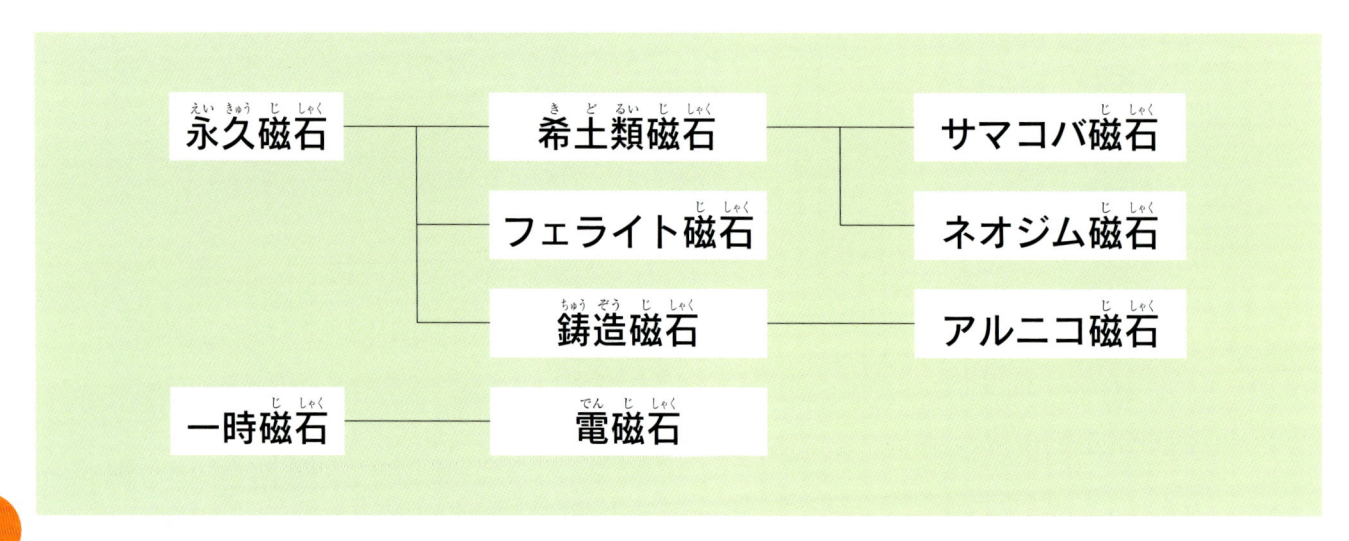

```
永久磁石 ─┬─ 希土類磁石 ─┬─ サマコバ磁石
         │              └─ ネオジム磁石
         ├─ フェライト磁石
         └─ 鋳造磁石 ──── アルニコ磁石

一時磁石 ──── 電磁石
```

アルニコ磁石

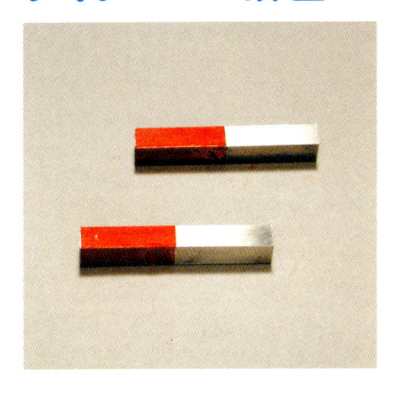

磁石が工業生産され始めた1930年代に最も高性能として活用されていた磁石です。鉄、アルミニウム、ニッケル、コバルトの合金であるMK磁石鋼をもとにして作られた磁石鋼で、材料の頭文字をとって名づけられました。

キュリー点が高く、高温になる部分での使用に適しています。20世紀半ばまでは主流の磁石でしたが、やがて安くて造形の容易なフェライト磁石に主役の座を奪われました。

フェライト磁石

鉄やコバルトの酸化物を使ったOP磁石をもとにして開発された磁石で、1970年頃から工業化されました。

粉末をかためて焼いて作られるため陶磁器に近い性質を持っています。そのため割れやすいという短所はありますが、さまざまな形状を作ることができ、薬品に強くサビないという特性があります。

永久磁石の中心的存在として今日まで長く使われ続けている、最も一般的な磁石です。

希土類磁石

希土類金属（ネオジウムやサマリウム、コバルトなど合計17元素）の粉末を成型してから焼結した磁石で、サマコバ磁石とネオジム磁石の2種類があります。

アルニコ磁石やフェライト磁石に比べるとはるかに強力な磁気エネルギーを持ち、小型でも大きな磁力が得られます。それぞれの特性を生かしてハイテク産業からオフィス用、家庭用まで幅広い分野で使用されています。（写真はネオジム磁石）

サマコバ磁石

1967年に開発された、世界初の希土類磁石です。サマリウムとコバルトからなる合金磁石で、材料の頭文字から名づけられました。

ネオジム磁石の次に高い磁力を持つうえに、サビに強く高温での使用にも向いているため、スピーカーや健康機器、電子ロックなどに使われています。

しかし原料の値段が高く、ほかの磁石と比べてもろく割れやすいという短所があります。

ネオジム磁石

現在、実用化されている最高の磁力を持つ磁石です。ネオジム、鉄、ホウ素を主成分として、小さくしても強力な磁力を発揮するため、MDプレーヤーや携帯電話などにも使われています。

優れた磁気特性を持っていて、原料のネオジムと鉄も豊富で安価ですが、熱に弱く使用温度に注意が必要です。またサビやすいため、用途が制限されます。

磁気の歴史（原理の発見の歴史）

　磁石の発見以来、その不思議な力は人びとを魅了し、なぞを解こうと多くの人びとが想像をふくらませました。長い間、魔術や占いの道具として利用されていた磁石でしたが、磁気の研究が進むにつれて、そのエネルギーは人びとの生活に生かされるようになりました。私たちの便利な情報化社会は、こうした磁気の研究の結果によって生み出されたのです。

タレス、摩擦電気を発見

　古代ギリシャの哲学者タレス（BC624?～BC546?）は、自然現象を呪術や神話から解き放ち、科学的立場から解明しようとした最初の人物です。
　彼は紀元前600年頃、琥珀を摩擦するとちりなどを引き寄せることを発見しましたが、この摩擦電気がおこす現象と磁石が鉄を引きつけることは同じものであると考えていました。磁石の本質が解明されるまでには、この後2000年以上もかかるのです。

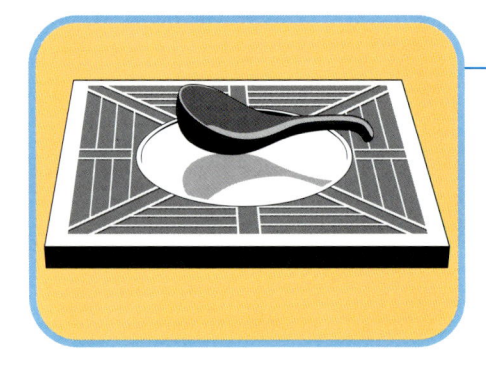

中国で方位磁石が発明される

　中国では紀元前3世紀頃から、スプーンの形をしたものを磁化させて硬い板の上に置いた「指南の杓（指南儀器）」というものを使っていたと言われています。方位を知るだけではなく「風水」にも使用されました。現在私たちが使っている磁気コンパスは、これがヨーロッパに伝わって改良を加えられ発達したものであると考えられています。

ギルバート、地球は巨大な磁石である

　イギリスの物理学者ウィリアム・ギルバート（1544～1603）は、1600年に実験を用いた記述で磁気や磁界の解明についてまとめた「磁石論」を著しました。それにより、磁気の現象が初めて実験的研究によって解き明かされ、近代的な磁気の研究が始まりました。
　また、地球が大きな磁石であることや、磁石の力と摩擦電気の力が別なものであることを指摘し、磁気学や電磁気学の基礎を作りました。

クーロン、磁気が測れる「ねじれ秤」装置を発明

　フランスの物理学者シャルル・ド・クーロン（1736～1806）は、1777年に「ねじれ秤」という装置を発明し、電気や磁気の力の大きさを測れるようになりました。これは細い絹糸を利用したもので、10万分の1グラムの非常に微少な力の変化まで測定することができました。
　それによって、重力と同様に力の大きさは電気や磁気の量に比例し、距離の2乗に反比例するという法則（クーロンの法則）が発見され、電磁気学が自然哲学から精密科学へと進みました。

エルステッド、電流の磁気作用を発見

　デンマークの物理学者・化学者であるハンス・クリスチャン・エルステッド（1777〜1851）は、電流が熱や光だけではなく磁気も発生させるのではないかと考えて実験を行いました。

　その結果、電流を電線に流すと電線のまわりに磁界が発生し、近くに置いた方位磁石の磁針の向きが一定の方向をとることを発見し（電流の磁気作用）、電気と磁気が互いに関係し合うことがわかりました。

　その頃船に雷が落ちると、方位磁石の指す磁極が逆になってしまうことがありましたが、その原因がこの発見によって解明されました。

ファラデー、磁気力を機械力に変える

　エルステッドが電気から磁気を得たのに刺激されたイギリスの物理学者・化学者マイケル・ファラデー（1791〜1867）は、電線に電流を流すと電線が磁石のまわりを回転する装置を考案し、また、電線に電流を流すと磁石が回転することなど、発電機の原理を発見しました。

　こうして、磁石の力を使って動く機械、電動モーターを作りだしたのです。多くの電気製品に使われているモーターは、現代の生活に欠かせないものであり、ファラデーの発見なしに近代の工業や技術はありえなかったといえます。

マクスウェル、電磁気現象を統一的に表す理論を発表

　イギリスの物理学者ジェームズ・クラーク・マクスウェル（1831〜1879）はファラデーの研究を引き継ぎ、1864年に電磁界の概念を導入し、クーロンの法則、電流の磁気作用、電磁誘導などの電磁気現象を統一的に表すマクスウェルの基礎方程式を導き出しました。

　また、数学的に電磁気の現象が波動を生じさせることを示し、電磁波と名づけました。その波動の進む速さの計算値が光の速さの測定値と一致したため、光は電磁波の一種であると考えました。彼の研究によって電磁気学は完成されたと言われています。

ピエール・キュリー、「キュリー点」を発見

　磁石を熱すると鉄を吸着する力が低下していくということは、経験的に知られていました。フランスの物理学者ピエール・キュリー（1859〜1906）はさらに研究を進め、1895年に磁石を熱し続けてある特定の温度に達すると完全に磁力を失い、冷ましても磁力は回復しないことを発見しました。

　その温度のことを彼の名前にちなんで「キュリー点」といいます。キュリー点の高い磁石ほど熱に強い特性を持っています。

磁石の歴史

　磁石には、天然磁石と人工的に作られた磁石があり、現在私たちの生活に使われているほとんどの磁石は人工磁石です。人工磁石が開発されるまでは、天然磁石やそれをこすりつけて磁力を持たせた鉄棒が磁石として方位磁針などに使われていました。しかし磁力の研究が進み、利用範囲が広がるにつれて強力な磁石の開発が求められるようになりました。
　20世紀初頭から人工磁石の開発が進められ、人びとの研究によって、この100年の間に、磁石の性能は実に100倍にも向上したのです。

イギリスのミッチェル、鉄を効果的に磁石にする方法を発見

　コイルと電流を使って鉄の棒を磁石に変える方法が使われるようになったのは、19世紀以降のことです。
　18世紀、イギリスのジョン・ミッシェル（1724〜1793）は、天然磁石で鉄棒を一定方向になぞるシングル・タッチ法ではなく、半分ずつ逆の極で逆方向になぞっていくと、より強い磁石になることを発見しました。これをダブル・タッチ法といい、当時としては画期的な人工磁石の製法であったため、広く普及しました。

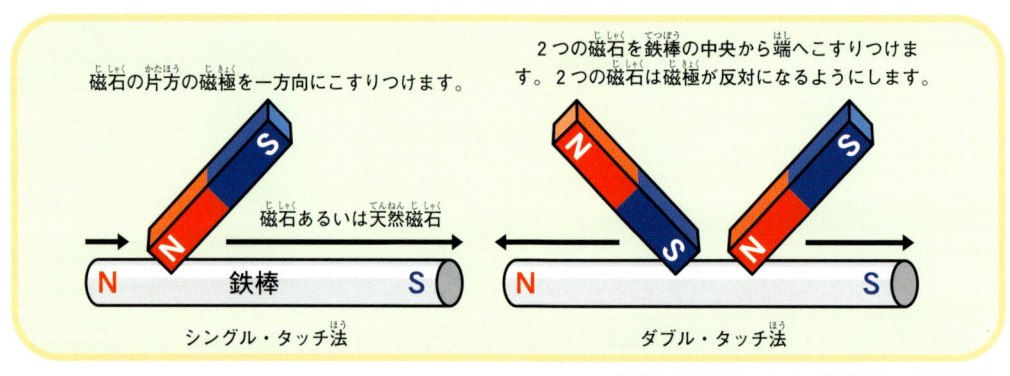

磁石の片方の磁極を一方向にこすりつけます。
2つの磁石を鉄棒の中央から端へこすりつけます。2つの磁石は磁極が反対になるようにします。

磁石あるいは天然磁石
鉄棒
シングル・タッチ法　　ダブル・タッチ法

参考：TDKホームページ「じしゃく忍法帳」

本多光太郎、世界初の磁石用合金、KS磁石鋼を開発

　1914年に第一次世界大戦が開戦して外国からの磁石鋼の輸入が困難となったため、それに代わる磁石の研究が日本で進みました。
　東北帝国大学（現在の東北大学）の教授であった本多光太郎（1870〜1954）は研究を重ね、1917年にコバルト、タングステン、クロムなどをかけ合わせて、それまでの磁石よりも約3倍も強い磁力を持つ世界初の磁石用合金「KS磁石鋼」を作りだしました。また、1933年にはMK鋼にコバルトとチタンを加えてNKS鋼を開発しました。これに銅を添加し改良されたものがアルニコ磁石です。

写真提供：東北大学金属材料研究所

加藤与五郎、武井武が OP磁石を開発

さらに日本で人工磁石の研究が進むと、1931年には東京工業大学教授の加藤与五郎（1872～1967：写真左）と武井武（1899～1992：写真右）は、亜鉛フェライトを急冷すると磁力が発生することを発見し、1931年にOP磁石を開発しました。

これに改良を加えてできたフェライト磁石は現在世界中で最も多用されている磁石で、日本でも一番多く生産されています。これは、金属製磁石ではなく、酸化物材料を主原料とした瀬戸物のような磁石で、当時の磁性体の概念をくつがえしました。

写真提供：東京工業大学百年記念館

三島徳七、MK鋼を開発

翌年の1932年には、東京帝国大学の三島徳七（1893～1975）がKS鋼の約4倍の磁力を持つMK鋼を開発しました。

このMK鋼は永久磁石史として革命的なもので、現在広く利用されているアルニコ磁石の基本となっています。それまで価格の高いコバルトを使っていたKS鋼とは違い、その代わりとしてニッケルを用いたため安く作ることができました。

小型化しても強い磁力を保ち、温度変化や振動にも強いという優れた特性を持っていたため、電子機器や通信機をはじめ、航空機、自動車、計測器などの進歩に大きく貢献しました。

写真提供：東京工業大学大学院総合理工学研究科
教授　三島良直先生

世界初、希土類磁石が登場

1967年にアメリカ空軍材料研究所で、希土類磁石の一つサマコバ磁石が世界で初めて開発されました。保持力が高く、サビや高熱に強いため、電磁機器の小型化や高性能化に貢献し、現在でも様ざまな分野で活躍しています。

しかし、原料のサマリウムとコバルトは産出量が少なく、広大な領土を持つアメリカやロシア、中国のほか、限られた産出量も激しい内乱などのために供給が不安定なため、コストが高くなってしまうのが難点です。

世界最強の磁石、ネオジム磁石の開発

現在、実用化されている磁石の中で最も強い磁力を持つのは、1983年に住友特殊金属株式会社（現在の株式会社NEOMAX）とアメリカGM社がそれぞれ開発したネオジム磁石です。

これは、ネオジムと鉄とホウ素をかけあわせた合金磁石で、磁性インクがわずかにしか使われていない1万円札さえも動かすことのできる強力な磁力を持っています。小さくしても磁力を保てるので、小型電子機器には欠かせない存在となっています。

磁石関連データ

磁石の性質

・磁石には、N極とS極があります。
・磁石の同極どうしは反発し合います。
・磁石の異極どうしは引き合います。

・磁石には、指北性があります。
・磁石は高温になると磁力が減少します。
・磁石はキュリー点を超えると磁性を失います。

磁石の主な用途

磁石がくっついたり反発したりする性質を利用
・冷蔵庫のドアパッキン
・自動車の初心者マーク
・かばんの留め金など

磁石を使って電気を取り出しているもの
・自転車の発電用ライト
・マイク
・モーターを使う、様ざまな電化製品

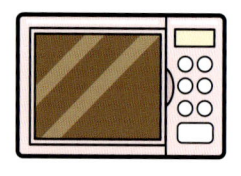

熱を加えると磁力を失う性質を利用
・電気ポット
・電子炊飯ジャーなど

そのほかの使い方
・鳥よけ磁石
・磁化水用磁石
・磁気治療用磁石など

磁石の用語

磁力
　磁石のN極とS極がお互いに引き合う力と、S極とS極、N極とN極のように磁石の同じ極どうしが反発する力のことで、磁気力ともいいます。

磁場
　磁力の影響がおよんでいる空間のことで、磁界ともいいます。

磁力線
　磁力がどのように出ているかをえがいた線のことで、磁石の上に紙を置き砂鉄をまくと磁力線が出ている様子が見られます。

磁束
　磁力線の束のことです。

磁束密度
　磁界の強さを表し、磁極の単位面積あたりの磁束のことです。

磁性
　鉄を引きつけることやN極とS極が表れる性質のことです。

磁極
　磁石の中でいちばん磁力の強い点のことです。

磁気誘導
　磁石が鉄を引きつけるなど、磁界内の磁性体が磁化される現象のことです。

磁性
　鉄を引きつけたり、南北を指したりする磁石

の持つ性質のことです。

磁化
磁界の中で物質に磁性を持たせることです。

磁化力
磁界の強さを表し、単位長さあたりの起磁力のことです。

N極
棒状の磁石を糸で水平につるしたときに、北を指す磁極のことで、正磁極ともいいます。

S極
棒状の磁石を糸で水平につるしたときに、南を指す磁極のことで、負磁極ともいいます。

磁性体
磁界内で磁化される物質のことで、地球上にあるすべての物質は、大小の差はありますが、すべて磁性体です。

強磁性
磁場内で極めて強く磁化され、磁場を取り除いても残留磁化を残すことがあります。

強磁性体
磁石に引き寄せられる物質のことで、鉄などが代表的です。

常磁性
磁場内でその磁場と同じ強さ、方向に磁化される性質のことです。

常磁性体
常磁性を持つ物質のことで、マンガン、白金、アルミニウム、コバルトなどがあります。鉄のような強磁性体もキュリー点を超えると常磁性体となります。

反磁性
外部の磁界と反対向きに磁化が起こる性質のことです。

反磁性体
反磁性を持つ物質のことで、金、銀、銅などがあります。

表面磁束密度
1平方センチメートルあたりにどれだけの磁力線があるかを表すものです。
ガウスまたはテスラという単位を使います。

磁気回路
磁束が通る経路のことです。

テスラ（T）
磁束密度をSI単位系で表した単位です。
旧ユーゴスラビア生まれでアメリカの電気工学者であり、機械工学者でもあるニコラ・テスラの名前にちなんでいます。
テスラは発明王エジソンの最大のライバルとして、現在の電気にあふれた便利な生活に大きな功績を残したとされています。

ガウス（G）
磁束密度をCGS単位系で表した単位です。
ドイツの数学者・物理学者であり天文学者でもあるカール・フリードリヒ・ガウスの名前にちなんでいます。

エルステッド（Oe）
磁界の強さをCGS単位系で表した単位です。
デンマークの物理学者ハンス・クリスチャン・エルステッドの名前にちなんでいます。

キュリー点
磁石が完全に磁力をなくしてしまう温度のことです。
アルニコ磁石　　約 850 ℃
フェライト磁石　約 460 ℃
ネオジム磁石　　約 310 ℃
サマコバ磁石　　約 730 ℃

参考資料：二六製作所ホームページ「キッズルーム」

磁石の知識についての問い合わせ先一覧表

株式会社 二六製作所
〒520-2152　滋賀県大津市月輪1-9-25　TEL 077-545-2126　FAX 077-545-0633
http://www.26magnet.co.jp/

川上磁石 株式会社
〒114-0003　東京都北区豊島7-26-20　TEL 03-3919-3131　FAX 03-3919-3136
http://www.magnet-kmk.co.jp/

TDK 株式会社
〒103-8272　東京都中央区日本橋1-13-1　TEL 03-3278-5111
http://www.tdk.co.jp/techmag/index.htm

山信金属工業 株式会社
〒108-0014　東京都港区芝5-27-3　TEL 03-3451-5241　FAX 03-3455-8153
http://www.sanshin-kk.co.jp/index.htm

株式会社 キンキ磁石応用
〒543-0017　大阪府大阪市天王寺区城南寺町7-24
　TEL 06-6764-7027（代）　FAX 06-6764-7041
http://www.kinkimagnet.com/

日立金属 株式会社
〒105-8614　東京都港区芝浦1-2-1　シーバンスN館　TEL 0800-500-5055（フリーコール）
http://www.hitachi-metals.co.jp/prod/prod03/p03_05.html

住金モリコープ 株式会社
〒104-6109　東京都中央区晴海1-8-11　トリトンスクエアY棟11階
　TEL 03-4416-6741　FAX 03-4416-6784
http://www.smi-mcp.co.jp/index.html

大浜商事 株式会社
〒171-0022　東京都豊島区南池袋2-16-4　SKビル　TEL 03-3987-7131
http://www.ohama-sj.co.jp/index.html

信越化学工業 株式会社
　（電子材料事業本部・マグネット部）
〒100-0004　東京都千代田区大手町2-6-1　朝日東海ビル
　TEL 03-3246-5246　FAX 03-3246-5367
http://www.shinetsu-rare-earth-magnet.jp/index.shtml

（順不同）

さくいん

【用語】
KS鋼 51
KS磁石鋼 50
MK鋼 51
NKS鋼 50
亜鉛フェライト 51
アルニコ磁石
　　46、47、50、51、53
一時磁石 46
うず電流 36
永久磁石 30、39、46、47
エルステッド 53
回転子 26、27、31
ガウス 53
ガウス加速器 34
希土類磁石 46、47、51
吸着力 49
キュリー・エンジン 26
キュリー点 27、53
強磁性 53
強磁性体 53
クロム 50
琥珀 48
コバルト 50、51
砂鉄 9
サマコバ磁石
　　46、47、51、53
サマリウム 51
酸化物 51
磁化 23、53
磁界 30、36、38、40、
43、44、49、53
磁化力 53
磁気 9、17、48、49
磁気学 48
磁気特性 47
磁気誘導 52
磁極 29、46、49、52、53
磁気力　磁化力 53
磁気力 49、52
磁石論 48
磁性 17、51、52
磁性体 51、52、53
磁束 52、53
磁束密度 52、53
磁鉄鉱 9、17
磁場 52
指北性 52
常磁性 53
常磁性体 53
磁力 9、26、29、39、44、
47、49、50、51、52
磁力線 44、52、53

シングル・タッチ法 50
人工磁石 50
振動板 38
シンプルモーター 40
垂直抗力　反発力 29
スピーカー 38
スライム 18
正磁極 53
ダブル・タッチ法 50
タングステン 50
チタン 50
鋳造磁石 46
テスラ 53
電気ぶちごま 42
電磁界 49
電磁気学 48、49
電磁石 46
電磁波 49
電磁誘導 49
天然磁石 9、50
陶磁器 47
ニッケル 26、51
ネオジム磁石
　　　35、46、47、53
ねじれ秤 48
パイプ発電機 32
反磁性 53
反磁性体 53
斑レイ岩 17
表面磁束密度 53
フェライト磁石
　　46、47、51、53
負磁極 53
浮力 20
摩擦電気 48
ロードストーン 9

【試料と材料】
CDプレイヤー 38
FDケース（3.5インチ用）
　　　　　　　　30
PVA系洗濯のり 18
亜鉛フェライト 51
アクリル管 20、32
アクリル板 7、36
厚紙 16、20、30、38
アルコールランプ 26
アルミ缶 38、40
アルミ皿 42
アルミの円板 36
アルミの針金 32
アルミ片 40
アルミホイル 16、26、42

アルミ棒 20
イヤホン端子 38
エナメル線 30、32、38、40
円形スポンジ 22
えんぴつ 28
お皿 18
お湯 18
カードスタンド 26
回転子 26、31
画びょう 16
カプセル玩具 6、10
紙コップ 38
紙やすり 40
カラーマグネット 15
ガラス棒 18
木ねじ 34
木のビーズ 28
クギ 7
薬さじ 18
クリップ 7、22、26
軍手 26、42
蛍光塗料 18
鋼球 34
ゴム 22
コンパクトディスク 36
砂鉄 9
実験スタンド 15、20、
26、36
ジョイント 36
振動板 38
スチール缶 26
スチロールパネル 26、28
スチロールパネル台 7
ストロー 7、20
スナップのオス 26
スピーカー 38
スライム 18
接着剤 14、27、32、36
セロハンテープ 8、10、
13、16、20、30、38
竹ぐし 30
単1乾電池 40
単3乾電池
　　　16、30、36、42
着火具 26
つぶ磁石 7、8、20
鉄球 7
鉄の棒 14、40
鉄のボルト 30
鉄粉 18
電気ぶちごま 42
電池ボックス 30、36、40

銅線 15
ドライバー 34
ドライヤー 34
ネオジム磁石 7、32、34、
35、42
ねじれ秤 48
配線用モール 34
発光ダイオード 30、32
発泡スチロール 20、32
発泡ポリエチレン
　カラーチューブ 24、32
針 7
針金 13、14
パイプ発電機 32
ビーカー 18、20
ビニ帯 44
ビニルテープ 13、20、
24、28、36、40
ピンセット 30、38
フィルムケース
　　　　16、20、38
フィルムケースのふた 30
フェライト磁石
　6、7、8、9、10、11、
13、14、16、18、20、22、
24、26、28、30、36、38、
40、44
袋ナット 42
プラスチックコップ 11
プリンの空き容器 38
プロペラ 40
ペットボトル(500ml) 36
棒磁石 44
ほう砂 18
防水スプレー 8
ボンド 36
ミニディスク 15、22、30
目玉クリップ 26
モーター 36
モール 8
木板 34
模型 38
ラップ 18
リードスイッチ 30
リサイクルカッター
　　　　26、36、44
両面テープ 11、15、22、
30、38
ロードストーン 9
ワッシャー 42
ワニ口クリップ付きリード
線 30、36、38、40
割りばし 8、18、26

55

編集後記

　引っつき合ったり、反発し合ったりする性質を持つ磁石。どこの家でも、学校でも、身近なところにいろいろな使われ方をしています。大人はもちろん、子ども達にとってもとても親しみやすいものです。

　本書は、そうした磁石をテーマに、アルミ缶やスチール缶、プラスチックコップなどを利用して、おもしろい工作や科学実験を取り上げてみました。また、磁石の不思議な魅力を調べるための、磁石の種類や歴史、関連データなども紹介しました。ご活用ください。

　ここで掲載している工作や実験を題材にして、アイデア、工夫でもっと磁石のおもしろさや不思議な世界を体験してみてください。

　本書の工作や実験を通して、科学の世界に触れていただき、さらに身近にある磁石が私たちの生活にどのように関係しているのかを考えていただければ幸いです。

監修者

吉村　利明（よしむら　としあき）　東京都立富士森高等学校 教諭

資料・制作・写真提供

山口県防府市立松崎小学校 宮本勝彦先生、京都府八幡市立八幡第二小学校 野村治先生、山口県教育庁文化財保護課、鎌倉学園 科学同好会、神奈川県立横浜桜陽高校 右近修治先生、（独）産業技術総合研究所地質標本館、茨城県立土浦工業高校 小林義行先生、（株）二六製作所、元神奈川県公立小学校校長 田中義朗先生、兵庫県高砂市立阿弥陀小学校 高田昌慶先生、東北大学金属材料研究所、東京工業大学大学院総合理工学研究科教授 三島良直先生、東京工業大学百年記念館　　　　　　　　　　　　（順不同）

参考文献

たのしくわかる物理実験事典（東京書籍刊）、手づくりスライムの実験（さ・え・ら書房刊）

あそべる・まなべる　学習教材づくり
おもしろ磁石百科

2012年5月21日第3刷発行

　発 行 人　松本　恒
　発 行 所　株式会社　少年写真新聞社
　　　　　　〒102-8232　東京都千代田区九段南4-7-16　市ヶ谷KTビルI
　　　　　　TEL 03-3264-2624　FAX 03-5276-7785
　　　　　　URL http://www.schoolpress.co.jp/
　印 刷 所　図書印刷株式会社
　　　　　　©Shonen Shashin Shimbunsha 2006 Printed in Japan
　　　　　　ISBN978-4-87981-211-7 C8040

本書を無断で複写・複製・転載・デジタルデータ化することを禁じます。乱丁・落丁本はお取り替えいたします。
定価はカバーに表示してあります。